国防科技知识大百科

神盾保驾——核能与核武器

田战省 主编

西北工業大學出版社
西 安

图书在版编目（CIP）数据

神盾保驾：核能与核武器 / 田战省主编. — 西安：西北工业大学出版社，2019.1
（国防科技知识大百科）
ISBN 978-7-5612-6401-0

Ⅰ. ①神… Ⅱ. ①田… Ⅲ. ①核能－青少年读物 ②核武器－青少年读物 Ⅳ. ①TL-49 ②E928-49

中国版本图书馆 CIP 数据核字（2018）第 280653 号

SHENDUN BAOJIA — HENENG YU HEWUQI
神盾保驾——核能与核武器

责任编辑： 刘宇龙　　**策划编辑：** 李　杰
责任校对： 朱晨浩　　**装帧设计：** 李亚兵
出版发行： 西北工业大学出版社
通信地址： 西安市友谊西路 127 号　　邮编：710072
电　　话： (029) 88491757，88493844
网　　址： www.nwpup.com
印 刷 者： 陕西金和印务有限公司
开　　本： 787 mm × 1 092 mm　　1/16
印　　张： 10
字　　数： 257 千字
版　　次： 2019 年 1 月第 1 版　　2019 年 1 月第 1 次印刷
定　　价： 58.00 元

Preface 序

国防，是一个国家为了捍卫国家主权、领土完整所采取的一切防御措施。它不仅是国家安全的保障，而且是国家独立自主的前提和繁荣发展的重要条件。现代国防是以科学和技术为主的综合实力的竞争，国防科技实力和发展水平已成为一个国家综合国力的核心组成部分，是国民经济发展和科技进步的重要推动力量。

新中国成立以来，我国的国防科技事业从弱到强、从落后到先进、从简单仿制到自主研发，建立起了门类齐全、综合配套的科研实验生产体系，取得了许多重大的科技进步成果。强大的国防科技和军事实力不仅奠定了我国在国际上的地位，而且成为中华民族铸就辉煌的时代标志。

“少年强，则国强。”作为中国国防事业的后备力量，青少年了解一些关于国防科技的知识是相当有必要的。为此，我们编写了这套《国防科技知识大百科》系列丛书，内容涵盖轻武器、陆战武器、航空武器、航天武器、舰船武器、核能与核武器等多个方面，旨在让青少年读者不忘前辈探索的艰辛，学习和运用先进的国防军事知识，在更高的起点上为祖国国防事业做出更大的贡献。

Foreword 前言

我们的生活离不开能源，能源的存在形式多种多样，有水能、风能、太阳能、电能等，还有我们熟悉却又陌生的核能。核能到底是一种什么能源呢？

19世纪末至20世纪初，科学家们在探索微观世界时，首次窥见原子核内蕴藏的巨大能量。像很多其他科学发现一样，核能被发现之后，首先被运用在军事和战争中，核武器因此诞生了。作为世界历史潮流中的新生儿，核武器带给人类强烈的惊奇和震撼，也使人类意识到面临的威胁与挑战。时至今日，它依然是世界政治中的敏感话题。

核能可以被用来制造可怕的核武器，也可以用来建造为人类服务的核电站。核能在一定程度上解决了人类面临的能源危机，并且呈现出广阔无限的发展趋势，世界各国正在积极研究的聚变堆便是一个例证。除核能之外，核技术的其他应用也在潜移默化地造福人类。

今天的世界面临越来越多的挑战，世界各国日益紧密地联系在一起。相信凭借人类共同的努力，我们可以处理好核能的开发，以及与之相关的安全问题。

目录

Contents

走进微观世界

核武器横空出世

核电站

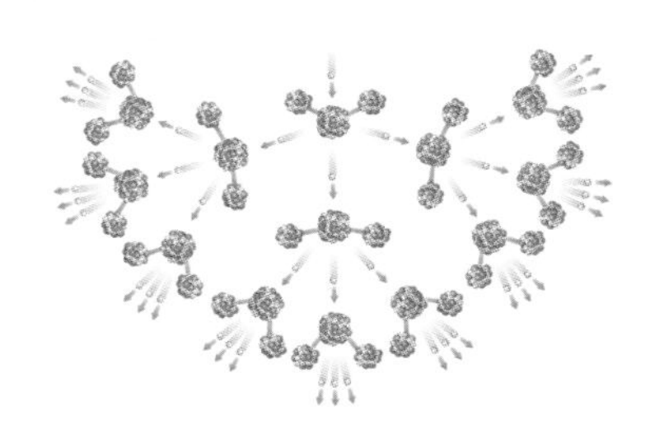

身边的核技术

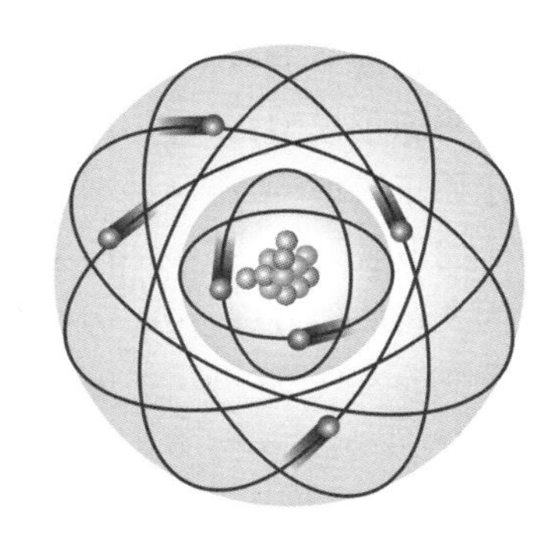

重要的科学家

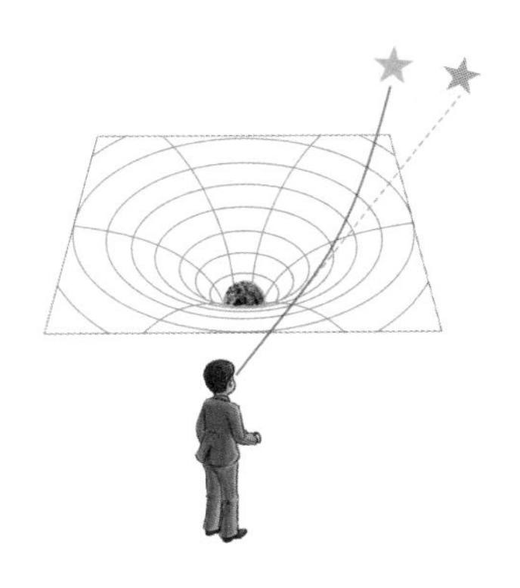

走进微观世界

自古以来，人类就渴望了解周围的物质世界。古代中国人提出的五行说，便是对物质世界的一种朴素认识。近代科学诞生之后，人类开始用实验方法来认识物质世界，对物质世界的结构和规律有了进一步的认识。19世纪末至20世纪初，随着X射线、放射性现象、电子、原子核等的发现，人类在微观世界里探索得越来越深，对物质世界的结构和规律也认识得越来越深，并发现了很多不可思议的现象。这些现象及其应用已经改变了我们的生活。

什么是能源

烧火做饭的时候，我们会用到煤、天然气或电；我们的肚子填饱后，学习和干活就会更加有精神；汽车加满油之后，跑起来也会更快。在这些日常生活中，我们已经不知不觉接触到了能源。能源就是能量的来源，是能够提供某种形式能量的物质。它是社会生活的物质基础，对于每个人的生活都不可或缺。

各种形式的能源

能源的形式非常多，有太阳能、风能、水能、地热能、煤、石油、天然气、潮汐能、生物质能、电能、核能等。有些能源直接存在于自然界中，开发出来后可以直接使用，称为一次能源，比如太阳能、风能、潮汐能等；有些能源是为了适合人类的生产和生活，从一次能源转化而来的，称为二次能源，比如电能、汽油、蒸汽等。

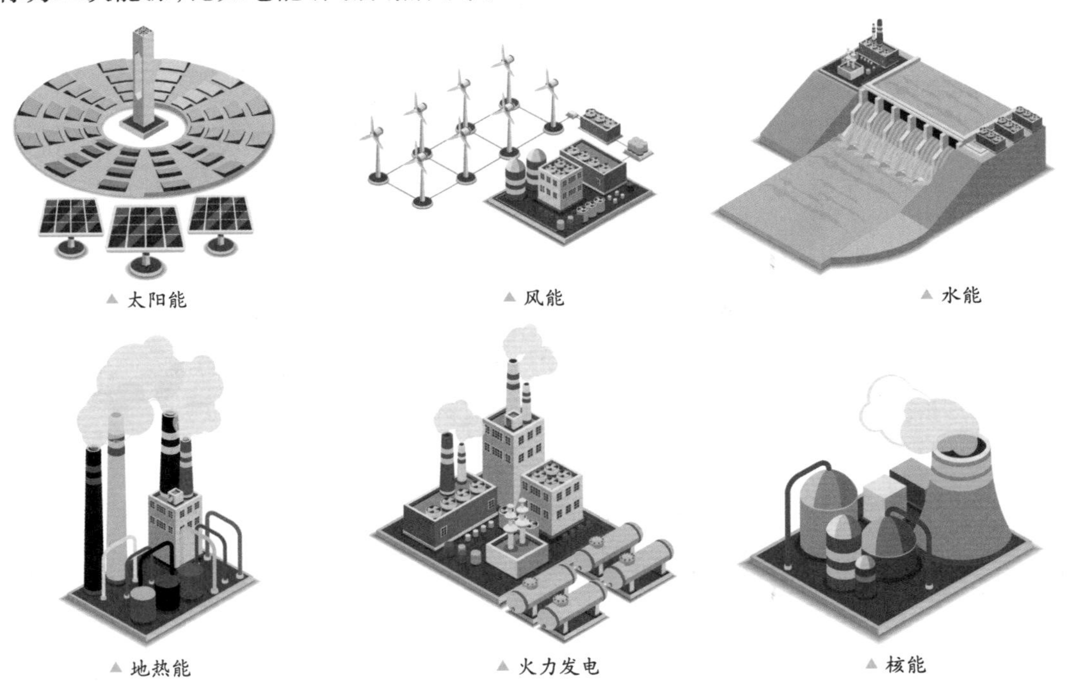

▲ 太阳能　▲ 风能　▲ 水能

▲ 地热能　▲ 火力发电　▲ 核能

核能

核能又称原子能，是蕴藏在原子核内部的能量。20 世纪以前，人类并不知道核能的存在。直到 19 世纪末 20 世纪初，在一大批科学家的努力和探索下，人类才窥见了原子核的奥秘，以及其中蕴藏的巨大的能量。核能可以用来发电、供热和提供动力。相对于煤、石油、天然气等化石能源来说，核能具有清洁、高效的优点。

能源与经济

能源与经济密切相关，它是经济发展的物质基础。一个国家在实现工业化的进程中，必然对能源形成巨大的需求，尤其是在工业化初期，能源需求的增长甚至超过经济的增长。但是，当经济发展到一定水平时，即从工业化向第三产业转变的时期，由于经济结构的变化，经济发展对能源的依赖会逐渐降低。

▲ 能源推动经济的发展

能源与环境

能源的开发和利用会对环境造成污染和破坏。比如，水能的开发和利用可能造成地面沉降、地震以及生态系统失衡，地热能的开发和利用可能造成地下水污染和地面沉降。在众多能源的开发和利用中，煤、石油、天然气等化石能源的燃烧对生态环境的影响尤为显著，今天的温室效应、酸雨便是其直接后果。不过，科学家们正在积极探索无污染的新能源。

▲ 化工厂的废气污染了大气

▲ 石油泄漏造成的河水污染

聚焦历史

1973 年 10 月，由沙特阿拉伯、伊朗、委内瑞拉等国组成的石油输出国组织，为了打击支持以色列的西方国家，对西方国家暂停出口石油，使得世界石油价格从每桶 3 美元涨到每桶 13 美元，导致西方国家的经济一片混乱。

能源危机

当今世界的能源消费仍然以煤、石油、天然气为主，由于世界人口的增长和经济的发展，这些非可再生能源被大量开发和利用，以致正在逐渐走向枯竭。有科学家估计，目前世界上的石油、天然气储量只能维持半个世纪，而煤炭储量也只能维持一两个世纪。再加上新能源的开发技术、供应体系尚未完全成熟，人类已经普遍意识到正面临的能源危机。

能量与物质的关系

能量离不开物质的运动，事实上，它是物质运动转换的量度。物质的运动形式非常多，每一种运动形式都对应着特定的能量形式，比如宏观物体的机械运动对应的是机械能，分子的运动对应的是热能。如果物质的运动形式不同，那么可以用来描述和比较物质运动特性的只有能量。能量是一切运动着的物质共有的特性。

机械能

足球踢到人身上会让人感到疼痛，高速射出的子弹会打伤人，卡车撞到墙后会把墙撞倒，这些都是机械能的作用。机械能是最直观的一种能量形式，“能量”这一概念最初就是从机械能提出来的。17 世纪，德国科学家莱布尼茨提出了“活力”这一概念，它指一个物体的质量和其速度的平方的乘积，相当于现在的动能的两倍。

▲ 挖土机工作时产生的能量就是机械能

▼ 爆炸时会释放大量的热能

微观粒子的能量

组成物质的分子、原子、带电粒子也在时刻不停地运动，它们的运动也会产生相应形式的能量。分子的运动对应的能量形式是热能，原子的运动对应的能量形式是化学能，带电粒子的运动对应的能量形式是电能。物质内部的分子运动加剧时，会产生大量的热能，比如烧开的水。组成分子的原子在化学反应中发生重组时，会产生化学能，比如炸药的爆炸。

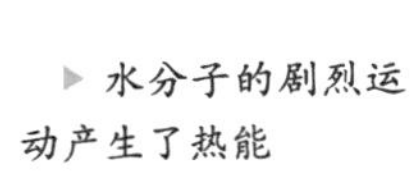

▶ 水分子的剧烈运动产生了热能

原子核内的能量

原子核由带正电的质子和不带电的中子组成，质子和中子之间存在巨大的吸引力，足以克服质子和质子之间的库仑力而结合成原子核。所以，原子核内蕴藏着巨大的能量，但是在一般的化学反应中，由于原子核不会发生分裂，所以原子核内的能量不会释放出来，只有在原子核发生裂变或聚变时，其内部巨大的能量才会释放出来。

见微知著　库仑力

库仑力是指两个静止的点电荷之间的相互作用力，同号电荷相斥，异号电荷相吸。力的大小遵循库仑定律，即与两个点电荷的电荷量的乘积成正比，与它们距离的平方成反比。库仑定律由法国物理学家查尔斯·库仑发现。

▲ 这是一台永动机设计图稿，设计者认为沿臂运动着的球的重量能使轮子永久地转动

永动机不可能

人类一直梦想获得高效、便利的能源。为了实现这一梦想，13—18 世纪，欧洲的很多机械师和科学家，包括大名鼎鼎的达·芬奇在内，都曾试图制造出一种神奇的机器，它可以不摄取外界能量，就永不停息地对外做功，但是所有关于永动机的设计方案都以失败而告终。后来人们逐渐认识到，永动机是不可能的。

能量守恒定律

能量守恒定律是在研制永动机的过程中总结出来的，它是自然界普遍的科学定律之一。能量守恒定律告诉我们，能量既不会凭空产生，也不会凭空消失，它只会从一种形式转化成另一种形式，或从一个物体传递到另一个物体，在转化或传递的过程中，能量的总量始终保持不变。永动机的设想违背能量守恒定律，所以是永远不可能实现的。

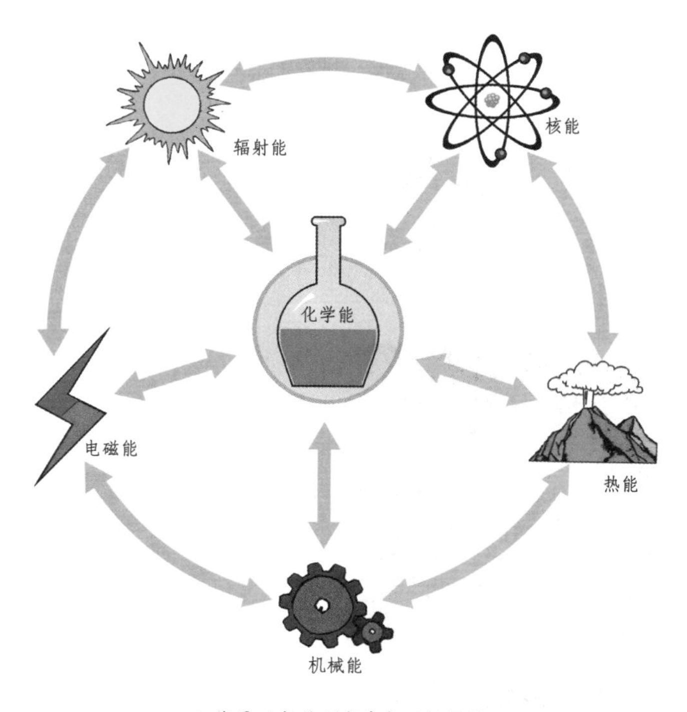

▲ 能量以各种形式在相互间转换

古老的原子论

世界上充满了丰富多彩的物质，有巍峨耸立的高山，有奔腾不息的河水，有熊熊燃烧的烈火，有千姿百态的树木，有铿亮发光的金属……所有这些物质是由什么组成的呢？它们有没有共同的本原呢？早在两千多年前，古代的一些学者就思考过这些问题，并提出了朴素的原子论，其中以古希腊人的探讨最为系统和完整。

阿那克萨哥拉的"种子说"

阿那克萨哥拉是古希腊自然哲学家。在他之前，学者们都用某一具体物质作为万物的本原，比如水、火等。阿那克萨哥拉对此不以为然，他提出了万物的本原是"种子"的说法，比如水由水的"种子"构成，金子由金子的"种子"构成。"种子"的体积无限小，种类无限多，各种"种子"结合在一起，就形成了丰富多彩的物质世界。

▲ 阿那克萨哥拉

寻根问底

古人又没有显微镜，如何得知原子的存在？

古人的原子论只是哲学上的论断，不能算作科学的理论，因为它没有实验验证作支撑。而且，不同学者的原子论与他们的人生哲学有关，比如德谟克利特和伊壁鸠鲁关于原子的运动。

▲ 留基伯

留基伯的原子论

留基伯是另一位古希腊自然哲学家，他在阿那克萨哥拉的"种子说"的基础上，首次提出了"原子"，这个词的希腊文意思是"不可分"。他认为万物是由原子构成的，原子是最小的、不可分割的物质粒子；原子与原子之间存在虚空；原子既不能被创造，也不能被毁灭，而是一直在无限的虚空中永不停息地运动。

德谟克利特的原子论

德谟克利特是留基伯的学生，他进一步发展了老师的原子论。他认为原子不可再分，数量无限，形状和大小是多样的。虚空是原子运动的场所，在原子的下落运动中，较大的原子撞击较小的原子，产生侧向运动和旋转运动，从而形成变化着的万物。他还认为人的灵魂也是由原子构成的，人的感觉和认识是事物的原子作用于人的灵魂的结果。

▲ 德谟克利特

伊壁鸠鲁的原子论

伊壁鸠鲁也是古希腊哲学家，生活于公元前341—前270年。他继承了德谟克利特的原子论，并且指出原子还有重量上的不同。他认为，原子的运动除了德谟克利特指出的直线下落和互相排斥两种形式外，还有由于偶然因素产生的偏斜运动。这否定了德谟克利特关于原子的运动完全受必然性法则支配的说法。

▲ 伊壁鸠鲁

中国古代的原子思想

中国的春秋战国时期，很多人也探讨过物质的结构，并提出了不同的说法。庄子在《天下篇》中说道：“一尺之棰，日取其半，万世不竭。”这反映了物质可以无限分割的思想。以墨子为代表的一些人认为，物质并不是无限可分的，分到最后会有一个“端”，到了“端”就不能再继续分割了，这类似于古希腊的原子论。

▲ 庄子是中国战国时期著名的思想家、哲学家和文学家

道尔顿原子模型

公元1世纪，罗马人卢克莱修论述和发展了伊壁鸠鲁的原子论，并写成《物性论》一书。但是随后的一千多年里，在教会势力的统治之下，欧洲人对物质世界的探索减少了，原子论也一度被埋没下去。直到文艺复兴后，学者们才又开始关注古老的原子论，而且是从科学的角度来探讨的。道尔顿原子模型是这个时期的一座里程碑。

自学成才

1766年9月6日，约翰·道尔顿出生在英国一个贫困家庭，他只读了几年小学就辍学了。1778年，他在当地一所乡村小学一边教书，一边自学，并在一位叫鲁宾逊的教会绅士的影响下，开始对气象进行观测。1781年，他受表兄的邀请，到外地一所中学任助理教员。在此期间，他涉猎了大量科学著作，并结识了盲人学者高夫。在高夫的指导下，道尔顿系统学习了拉丁文、希腊文和自然科学知识，逐渐走上了科学探索的道路。

约翰·道尔顿

从大气研究入手

在高夫的建议下，道尔顿从研究气象学入手，开始了自己的科学生涯。从1787年到1844年，他制作了各种气象仪器，对天气进行长期观测，并且每天坚持写气象日记。对大气长年累月观测的同时，道尔顿还做了大量实验，他发现在不发生化学反应的条件下，混合气体的气压等于其各部分气体的气压总和。为了解释这一现象，他借用了古希腊学者提出的“原子论”，并在此基础上提出了第一个原子模型。

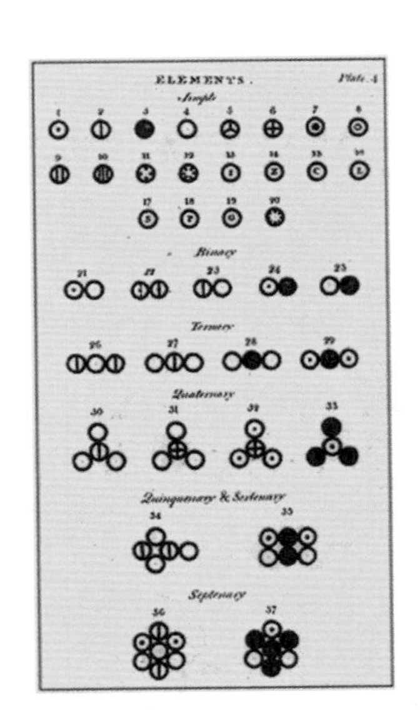

▲ 道尔顿在《化学哲学的新体系》中描述的原子

聚焦历史

道尔顿患有色盲症，他除了能看到蓝绿方面的颜色外，只能再看到黄色。他对自己这种疾病的症状感到非常好奇，并进行了长期观察和研究，最终发表了一篇关于色盲的论文。这也是历史上第一篇有关色盲的论文。

原子量

道尔顿不只是重申了过去的原子论，他发现不同的原子具有不同的质量。但原子的质量极其微小，无法直接测定，道尔顿提出了测量原子的相对质量，也就是原子量。原子量的提出在化学史上意义重大，它第一次将原子论从哲学带入化学。但是在测量各种元素的原子量的过程中，道尔顿没有认识到一些物质是由分子组成的，所以犯了不少错误。这些错误直到意大利科学家阿伏伽德罗提出分子的概念后才得到纠正。

阿伏伽德罗，意大利著名的物理学家、化学家，他的最大贡献是提出了分子假说

《化学哲学的新体系》

1808年，道尔顿出版了划时代的著作——《化学哲学的新体系》。这本书全面论述了道尔顿原子模型：化学元素由原子组成，原子不可分割，既不可创造，也不可毁灭，它是一切化学变化中的最小单位；同种元素的原子性质和质量相同，不同元素的原子性质和质量不同，原子的质量是原子的最基本特征；不同元素结合时，原子以简单整数比结合，化合物的原子称为复杂原子，其质量为所含各种元素原子质量的总和。

从1803年道尔顿提出第一个原子结构模型开始，一代代科学家不断地发现和提出新的原子结构模型，原子结构的神秘面纱被揭开了

化学元素

对元素的认识同对原子的探索一样古老，而且两者密不可分。在久远的古代，各民族根据自己的生活经验和基本的物质现象，形成了一些简单的元素学说。这些学说都有着惊人的相似之处。后来，随着科学的兴起，人们开始用实验的方法来认识化学元素。在一代又一代科学家的努力下，物质世界终于向我们展现了它的“庐山真面目”。

古代的元素思想

早在两千多年以前，古代各民族就形成了自己的元素思想。在古埃及和古巴比伦，人们把水、空气、土看作世界的组成元素；古希腊哲学家提出了“四元素说”，即万物由水、火、土、空气四种元素组成；古印度人认为大千世界由地、水、风、火四种元素组成；古代中国人提出了“五行学说”，认为世界由金、木、水、火、土五种元素组成。

▲ 中国古人“五行学说”认为，世界上的一切事物都是由金、木、水、火、土五种元素构成的，五行之间存在相生相克的关系

▲ 罗伯特·波义耳，第一位提出科学的元素概念的人

波义耳的贡献

古人对元素的认识，基本上是通过对客观世界的观察或臆测。直到 17 世纪实验科学的兴起，人们才从化学分析的角度来认识元素。罗伯特·波义耳是 17 世纪的英国化学家，他对古人的元素学说提出了怀疑，尤其强调了实验在认识化学元素中的重要性，并把用化学方法无法再分的简单物质称为元素。

拉瓦锡的化学元素表

1789年,拉瓦锡发表《化学基础论》一书。书里面列举了33种化学元素,包括气态的简单物质(光、热、氧气等)、能氧化和成酸的简单非金属物质(碳、磷、盐酸基等)、能氧化和成盐的简单金属物质(铜、铁、金等)、能成盐的简单土质(石灰、硅土等)。可以看出,拉瓦锡对元素的认识虽然向前迈进了一步,但离现代的认识依然很远。

▲ 拉瓦锡针对当时化学物质的命名呈现一派混乱不堪的状况,与其他人合作制定出化学物质命名原则,创立了化学物质分类新体系。图为拉瓦锡和夫人

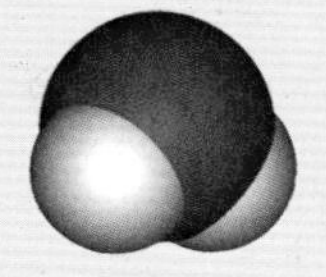

单质是指由一种元素组成的纯净物。与单质对应的是由多种元素组成的化合物。比如氧气是氧元素组成的一种单质,水是氢元素和氧元素组成的一种化合物。有些元素可形成多种单质,比如碳既可形成石墨,又可形成金刚石。

元素周期表

▲ 门捷列夫

道尔顿提出原子量后,给化学元素的探索带来了新的曙光。1869年,门捷列夫按原子量的大小,把当时已知的63种元素排成一张表,形成了最早的元素周期表。随着后来新元素的发现,元素周期表逐渐得到完善,直到今天包括118种元素。与此同时,门捷列夫还提出了应当区分元素和单质,因为同一种元素能形成不同的单质。

▼ 元素周期表

原子序数 — 92 U — 元素符号
元素名称 — 铀
(注*的是人造元素)

金属元素 | 非金属元素 | 过渡元素

周期 \ 族	IA 1	IIA 2	IIIB 3	IVB 4	VB 5	VIB 6	VIIB 7	VIII 8	9	10	IB 11	IIB 12	IIIA 13	IVA 14	VA 15	VIA 16	VIIA 17	0 18
1	1 H 氢																	2 He 氦
2	3 Li 锂	4 Be 铍											5 B 硼	6 C 碳	7 N 氮	8 O 氧	9 F 氟	10 Ne 氖
3	11 Na 钠	12 Mg 镁											13 Al 铝	14 Si 硅	15 P 磷	16 S 硫	17 Cl 氯	18 Ar 氩
4	19 K 钾	20 Ca 钙	21 Sc 钪	22 Ti 钛	23 V 钒	24 Cr 铬	25 Mn 锰	26 Fe 铁	27 Co 钴	28 Ni 镍	29 Cu 铜	30 Zn 锌	31 Ga 镓	32 Ge 锗	33 As 砷	34 Se 硒	35 Br 溴	36 Kr 氪
5	37 Rb 铷	38 Sr 锶	39 Y 钇	40 Zr 锆	41 Nb 铌	42 Mo 钼	43 Tc 锝	44 Ru 钌	45 Rh 铑	46 Pd 钯	47 Ag 银	48 Cd 镉	49 In 铟	50 Sn 锡	51 Sb 锑	52 Te 碲	53 I 碘	54 Xe 氙
6	55 Cs 铯	56 Ba 钡	57~71 La~Lu 镧系	72 Hf 铪	73 Ta 钽	74 W 钨	75 Re 铼	76 Os 锇	77 Ir 铱	78 Pt 铂	79 Au 金	80 Hg 汞	81 Tl 铊	82 Pb 铅	83 Bi 铋	84 Po 钋	85 At 砹	86 Rn 氡
7	87 Fr 钫	88 Ra 镭	89~103 Ac~Lr 锕系	104 Rf 𬬻*	105 Db 𬭊*	106 Sg 𬭳*	107 Bh 𬭛*	108 Hs 𬭶*	109 Mt 鿏*	110 Ds 𫟼*	111 Rg 𬬭*	112 Uub *						

镧系	57 La 镧	58 Ce 铈	59 Pr 镨	60 Nd 钕	61 Pm 钷	62 Sm 钐	63 Eu 铕	64 Gd 钆	65 Tb 铽	66 Dy 镝	67 Ho 钬	68 Er 铒	69 Tm 铥	70 Yb 镱	71 Lu 镥
锕系	89 Ac 锕	90 Th 钍	91 Pa 镤	92 U 铀	93 Np 镎	94 Pu 钚	95 Am 镅*	96 Cm 锔*	97 Bk 锫*	98 Cf 锎*	99 Es 锿*	100 Fm 镄*	101 Md 钔*	102 No 锘*	103 Lr 铹*

氢及其同位素

氢元素存在于我们最常见的水中，也是几乎所有有机物的组成成分。我们每天都会摄入大量氢元素。它虽然是最简单的元素，但有着道不尽的故事。一方面，它有着骇人听闻的一面：用来制作杀伤力巨大的武器——氢弹；另一方面，它又可以用作优越的能源，为人类的生产、生活服务。它离我们如此之近，却又如此遥远。

氢气的发现

16 世纪和 17 世纪，欧洲有两名医生曾经先后发现过氢气，但他们都没有进行深入研究。18 世纪中期，英国物理学家和化学家卡文迪许意外地制得了氢气，他发现这种气体可以燃烧，燃烧后的产物是水。但是他坚持认为水是一种元素，所以并未意识到自己发现了一种新元素。法国化学家拉瓦锡重复了卡文迪许的实验，他指出水不是一种元素，而是由氢和氧形成的化合物，并于 1787 年正式提出了“氢”这种元素。

▲卡文迪许

◀氢气的“体重”还不到空气的 1/14，因此充满氢气的气球可以飞到天上去

见微知著　丰度

丰度指一种元素在研究体系中的相对含量，一般用重量百分比来表示。同位素在自然界中的丰度又叫天然存在比，指该同位素在这种元素的所有天然同位素中所占的比例。地壳元素的丰度一般又称为克拉克值。

氢元素

氢是最简单的化学元素，元素符号为 H，原子序数为 1，在元素周期表中排在第一位。氢有很多同位素，最常见的是氕（piē），丰度为 99.98%。氕的原子核内含有一个质子，不含中子，它可与很多元素形成化合物。氢的单质形态是氢气，它是一种无色、无味的气体，也是最轻的气体，由两个氢原子组成。虽然氢是宇宙中含量最多的元素，占到宇宙质量的 75%，但氢气在地球上却十分罕见。在医学上，氢气可以用来治疗疾病。

氕、氘和氚

氕是氢的一种同位素，符号为^{1}H，是氢的主要成分。氘（dāo）是氢的一种稳定形态的同位素，又被称为重氢，元素符号为D或$^{2}_{1}$H，其原子核由一个质子和一个中子组成。氘在自然界的含量只有氕的1/7 000，主要存在于天然水中，可以提炼出来用作氢弹的原料，也常在化学和生物学研究中用作示踪原子。氚（chuān）也是氢的一种同位素，又被称为超重氢，元素符号为T或$^{3}_{1}$H，其原子核由一个质子和两个中子组成。氚在自然界中的含量极少，它是制作氢弹的原料。

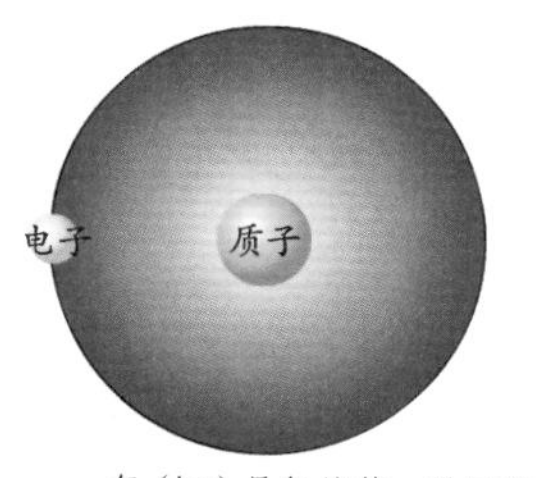

氕（^{1}H）是氢的第一种同位素，核中只有一个质子

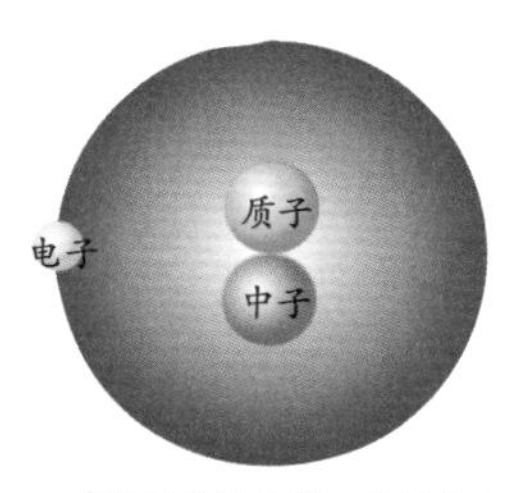

氘（D）是氢的第二种同位素，核中有一个质子和一个中子

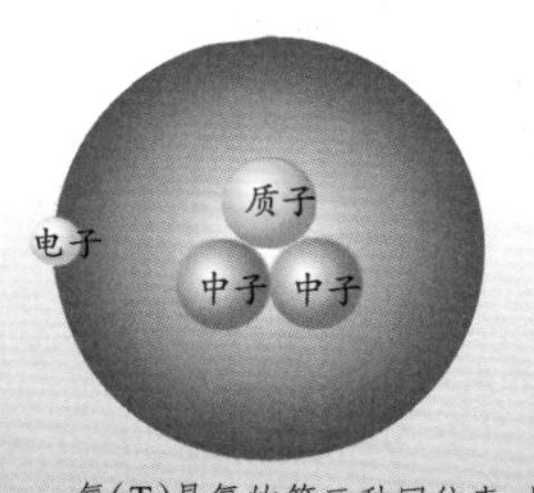

氚（T）是氢的第三种同位素，核中有一个质子和两个中子

氢的三种同位素

氢能

氢能指的是氢气燃烧产生的能量。相对于传统能源来说，氢能有众多优点，比如单位质量的氢气燃烧产生的热量相对较多，而且燃烧后的产物是水，不会对环境造成任何污染。更重要的是，氢气可以直接从水中制取，而水在地球上的含量非常丰富。但是，现在生产氢气的主要方法是电解水，成本非常高。为了降低氢气的生产成本，世界各地的科学家们正在积极探索利用太阳能制氢的方法，但目前还没有取得重大突破。

液态氢已被广泛地用于火箭或导弹的高能燃料

铀元素及其发现

铀是自然界中最复杂的元素之一，它同最简单的氢元素一样，也是用来制造核武器的原料。自从人类的第一颗原子弹爆炸后，铀便一跃成了元素中的“大明星”，几乎每个人对它都耳熟能详，但也似乎都有谈“铀”色变的感觉。铀是怎样被发现的呢？它到底有什么特性呢？现在就让我们走进去看一看。

铀的发现

1789年，德国化学家克拉普罗特在研究矿物时，提炼出一种黑色物质，其化学性质不同于已发现的所有其他元素。他认为自己发现了一种新元素，并将这种新元素命名为铀。直到半个多世纪后的1841年，法国化学家佩里戈特指出，克拉普罗特提炼出来的“铀”其实是二氧化铀。佩里戈特用钾还原四氯化铀，成功制得了金属铀。

▲ 粉状和颗粒状的二氧化铀

铀元素

铀是一种天然放射性元素，元素符号为U。它的化学性质非常活泼，能与很多非金属反应，还能与很多金属形成合金。所以，自然界中不存在单质形态的金属铀。铀在地壳中的含量比较高，平均每吨地壳物质约含2.5克铀，这比金、银等元素的含量还高。但铀的提取难度很大，所以它被发现得比较晚。铀有三种天然同位素，分别是铀238，丰度为99.275%；铀235，丰度为0.72%；铀234，丰度为0.005%，其中只有铀235能发生核裂变。

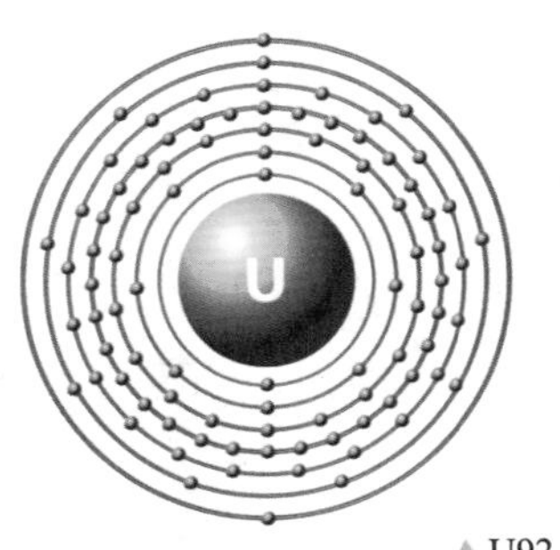

▲ U92

寻根问底

为什么只有铀元素才会发生核裂变？

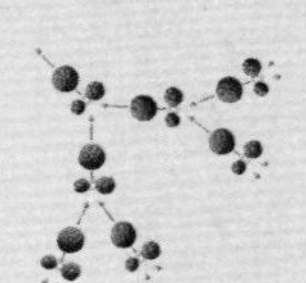

在整个元素序列中，大约到了铁元素的位置以后，每种元素的原子核都有分裂的趋势，只是由于有“闸门”阻止了才未分裂。铀元素的“闸门”在所有元素中是最弱的，所以会发生核裂变。

铀矿的开采

世界上的铀矿主要分布在美国、加拿大、南非、澳大利亚等地，最常见的是沥青铀矿和钒钾铀矿。铀矿物大多为绿色、黄色或黄绿色，有些在紫外线照射下能发出强烈的荧光。铀矿的勘探通常利用的是铀的放射性，如果发现某地的岩石、土壤、水或植物体内的放射性很强，就说明这个地方很可能有铀矿存在。

▼ 沥青铀矿
▲ 硅镁铀矿

▲ 海洋中蕴藏着丰富的铀能源，如果能够大量提取，就能够确保核能发电的未来

海水提铀

海水提铀是从海水中提取铀化合物的过程。海水中铀的蕴藏量达 45 亿吨，但浓度极低，平均每吨海水中只含 3.3 毫克铀，这使得海水提铀的成本很高。不过，世界上一些铀矿资源贫乏的国家，仍在积极探索海水提铀的方法，比如日本，它是世界上第一个开发海水铀源的国家。

浓缩铀

开采出来的铀必须浓缩后才能使用。丰度为 3%的铀 235 为核电站使用的低浓缩铀，铀 235 丰度大于 80%的为高浓缩铀，其中丰度大于 90%的为武器级高浓缩铀，主要用来制造核武器。由于涉及核武器问题，铀浓缩技术是国际上严禁扩散的技术。其中的关键设备是气体离心分离机，美国便将是否拥有这一设备作为判断一国是否研制核武器的标准。

▼ 浓缩铀

X 射线的发现

骨折病人到了医院后，医生首先会叫病人去拍一张特殊的照片，上面可以看到病人骨头损伤的情况。这种照片叫 X 光片，是用 X 射线拍摄的。X 射线是在一次实验中意外发现的，它的发现标志着现代物理学的开始，而且直接促进了放射性的发现。这两项发现与后来电子的发现一起合称 19 世纪末 20 世纪初物理学的三大发现。

意外的发现

1895 年 11 月 8 日傍晚，威廉·伦琴在实验室里研究阴极射线。他用黑纸把放电管密封起来，并且把房间全部弄黑。当他切断电源时，却意外地发现一米以外的工作台上出现了闪光。这显然不是阴极射线，因为阴极射线只能在空气中前进几厘米。经过反复实验，伦琴确信自己发现的是一种尚不为人所知的新射线，便给它取名为 X 射线。

▲ 威廉·伦琴

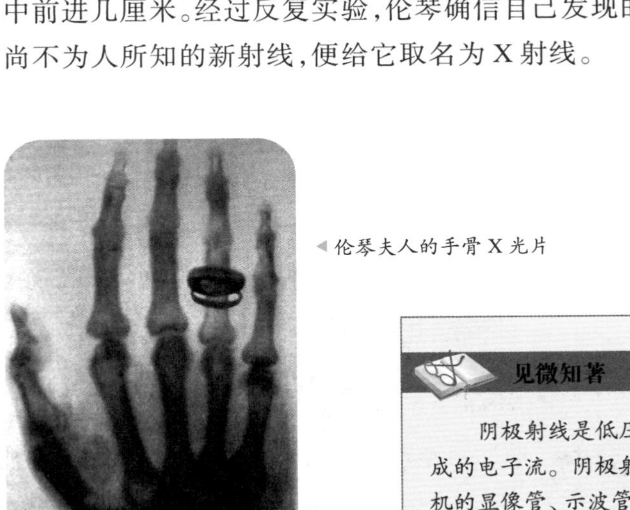

◀ 伦琴夫人的手骨 X 光片

见微知著　阴极射线

阴极射线是低压气体放电管的阴极发出的电子在电场加速下形成的电子流。阴极射线是 1858 年被发现的，它在电子显微镜、电视机的显像管、示波管等器件中有着重要的应用，另外还可用于切割、熔化、焊接等。

第一张 X 光片

伦琴对 X 射线进行了深入研究。他发现 X 射线具有很强的穿透能力，可以穿透一千页厚的书本、几厘米厚的木板和铝板，但是不能穿透铅板。有一次，伦琴的夫人来实验室里看他，他让夫人把手放在照相底片上，用 X 射线照射了一会，结果底片上出现了他夫人的手掌骨骼，而且还能清楚地看到戒指。这张照片是人类历史上第一张 X 光片。

X 射线的特点

X射线实际上是一种电磁波，波长在0.006~2纳米，介于γ射线和可见光之间。除了具有很强的穿透本领外，X射线还有很多其他特点，比如它能产生电离作用，物质受到X射线照射时，会因电子脱离原子轨道而产生电离。X射线照射到生物机体时，可使生物细胞受到抑制、破坏，因此医学上常用X射线来治疗某些疾病。

借助于X光照片，医生分析患者的病情

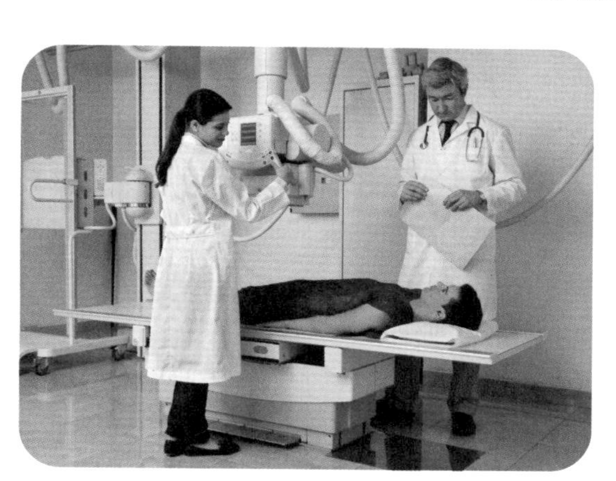

▲ X射线检查仪器

X 射线检查

X射线检查指用X射线来诊断疾病，分为普通检查、特殊检查和造影检查。普通检查可从不同角度观察内脏器官的形态及功能改变；特殊检查中比较常见的是CT，可以检查肺内有无空洞、骨腔内是否有腐骨、气管是否有狭窄等；造影检查是将造影剂人工引入器官内，从而增强器官影像的对比度和清晰度。

天文上的 X 射线

宇宙中的很多天体会辐射X射线，但由于地球大气的阻碍，人们在地面上很难探测到。20世纪40年代，人们用高空气球探测过太阳辐射的X射线，而太阳外的第一个X射线源则是1962年发现的天蝎X-1。空间天文卫星发射上天后，人们探测到了大量X射线源，它们是各种不同的天体，包括脉冲星、脉冲双星、X射线脉冲星、类星体等。

▲ 脉冲星

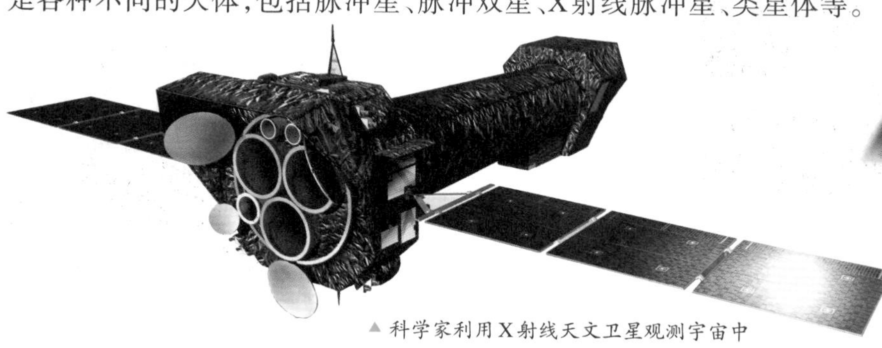

▲ 科学家利用X射线天文卫星观测宇宙中的X射线辐射源，从而发现未知新天体

放射性的发现

伦琴发现X射线之后。欧洲的整个科学界为之激动不已，人们纷纷投入对X射线的研究之中，其中包括法国物理学家安东尼·贝克勒尔。他在对铀盐进行研究时，意外地发现了铀元素的天然放射性。贝克勒尔的发现具有重要而深远的意义，它使人们对物质的微观结构有了进一步的认识，并且打开了原子核物理学的大门。

神秘的辐射

得知X射线的发现后，贝克勒尔想知道这种射线是否与荧光有关。经过实验，他发现荧光物质铀盐经阳光暴晒后，可使黑纸密封的底片感光，这似乎表明X射线与荧光有关。由于后来几天一直阴雨绵绵，贝克勒尔暂停了实验，把铀盐和底片放入了抽屉。几天后他把底片冲洗出来，惊奇地发现底片已经曝光了。抽屉里的铀盐并未经阳光暴晒，显然不会发出荧光，贝克勒尔经过反复实验，最后确定铀盐本身就能发出一种使底片感光的辐射。

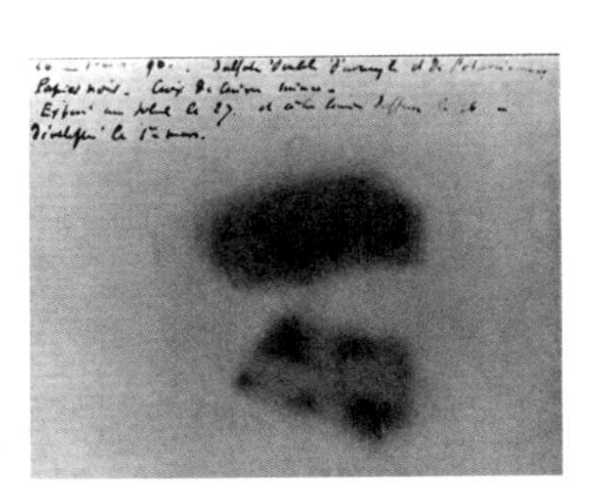

▲使贝克勒尔最早发现放射性并产生灵感的图片

钋和镭

▲居里夫妇在做镭试验

贝克勒尔公布他的发现后，居里夫妇进入了这一领域。玛丽·居里验证了贝克勒尔的发现，并且进一步发现，无论研究样品是铀盐、铀氧化物，还是金属铀，铀辐射的强度总与样品中铀的含量成正比。居里夫人还提出了“放射性”一词，在此之前，人们称贝克勒尔的发现为“贝克勒尔射线”。在后来的深入研究中，居里夫人同丈夫一起，发现了两种新的放射性元素——钋和镭。这两种元素的放射性比铀强得多。

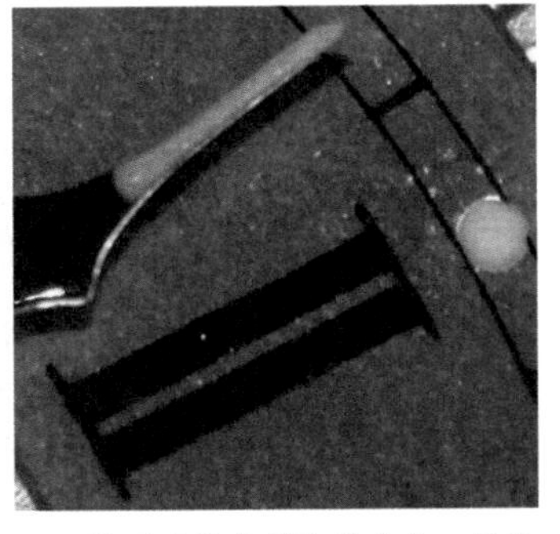

▲镭可以用来制造发光粉。钟面上含镭的白漆可自动发光

放射性与半衰期

所谓放射性，指的就是某些元素从不稳定的原子核释放出来的射线，一般为α射线、β射线或γ射线。原子序数在 83 以上的元素都具有放射性，但有些原子序数小于 83 的元素也具有放射性。放射性元素的原子核释放出某些射线后，会衰变成另一种元素的原子核，衰变到只有原来的一半所需的时间称为半衰期。放射性元素的半衰期有长有短，短的只有千万分之一秒，长的可达数百亿年，半衰期越短的元素放射性越强。

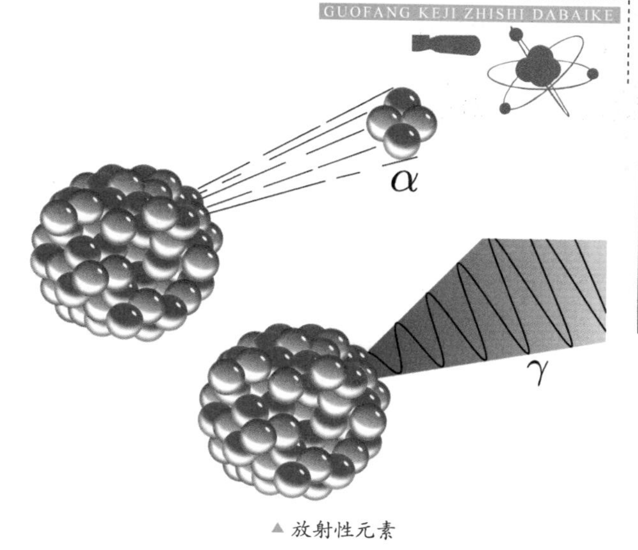

▲ 放射性元素

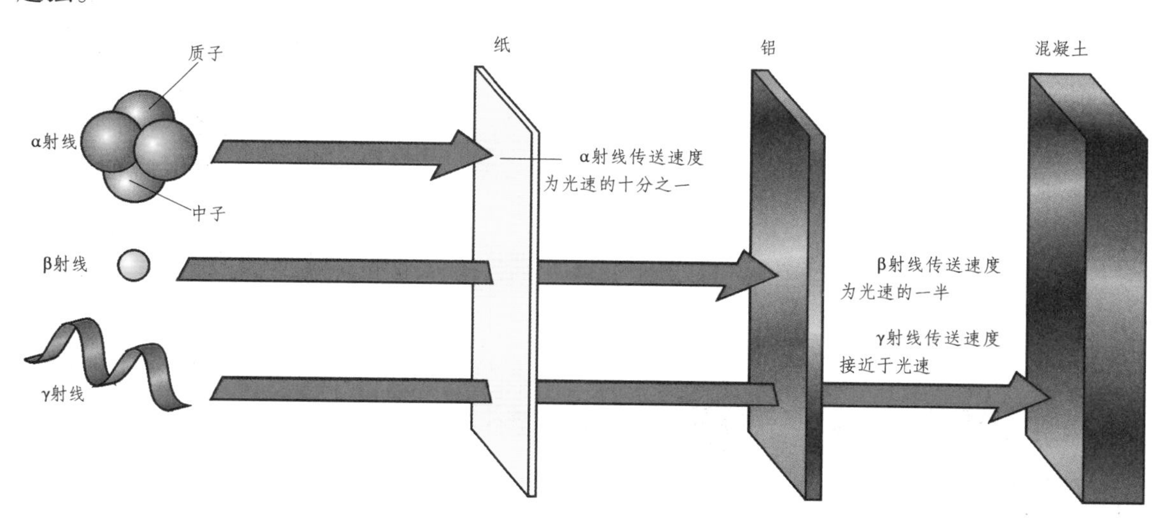

▲ 放射性元素放射的三种射线的穿透能力示意图

应用和危害

放射性的用途非常广泛，医学上用来治疗疾病，农业上用来杀灭害虫，工业上用来检查产品质量，考古学上用来测定年代，等等。放射性也存在不小的危害，人和动物在接受大剂量的照射后，机体会受到损害甚至死亡。据科学研究，在 400 拉德（辐射吸收剂量的单位）照射下，人有 5%的概率会死亡；在 650 拉德照射下，人 100%会死亡；剂量在 150 拉德以下，人虽然不会受到明显的损害，但会留下一些潜在的病根。

▲ 放射性警告标志

聚焦历史

1990 年 6 月 25 日，上海第二军医大学放射医学研究室钴 60 源室的工作人员违规操作，导致 7 名工作人员遭受大剂量的照射，其中两人分别于照射后第 25 天和第 90 天不幸死亡，另外 5 人也患上了骨髓型放射病。

电子的发现

今天，生活中的很多器具或事物都以“电子”开头，比如电子琴、电子计算机、电子显微镜、电子技术、电子商务等。“电子”到底是什么？人们是如何发现它的？为什么它在我们的生活中无处不在？要知道这些问题的答案，我们必须走进电子的发现过程。在这个过程中，英国物理学家约瑟夫·汤姆逊起到了至关重要的作用。

早有耳闻

19 世纪中期，一些科学家在做电解实验时，发现原子所带的电荷为一个基本电荷的整数倍，有人直接提出了用“电子”来表示这一基本电荷。后来，一些科学家成功地用电子理论解释了一些物理现象。但即使在这个时候，“电子”仍然只是科学家们头脑中的一个概念，并没有相应的实物存在，因此也没有在科学界引起广泛重视。

▶ 汤姆逊在做实验

▲ 阴极射线在电场作用下形成一个圆圈

一场争论

伦琴发现 X 射线后，阴极射线成为科学家们研究的热点，人们都想知道阴极射线的本质。当时，欧洲的科学界在阴极射线问题上分为两大派：德国的一些科学家认为，阴极射线是一种像光一样的电磁波；而英国、法国的一些科学家认为，阴极射线是一种带电的粒子流。双方都有一些实验事实作支撑，因此没有争出个所以然来。

寻根问底

电子有带正电荷的吗？

有带正电荷的电子存在，科学上称之为正电子。正电子的质量和电荷都与电子相等，但电荷符号与电子相反。它是美国物理学家大卫·安德森 1932 年在研究宇宙射线时发现的。

电磁场偏转实验

汤姆逊是研究阴极射线的科学家之一。他想，如果阴极射线是一种带电的粒子流，那么在经过电场和磁场时一定会发生偏转。1897 年，他着手进行了实验，让阴极射线分别通过电场和磁场，结果阴极射线出现了偏转。根据偏转现象，汤姆逊得知阴极射线是带负电的粒子流，而且传播速度远小于光速，显然不是像光一样的电磁波。

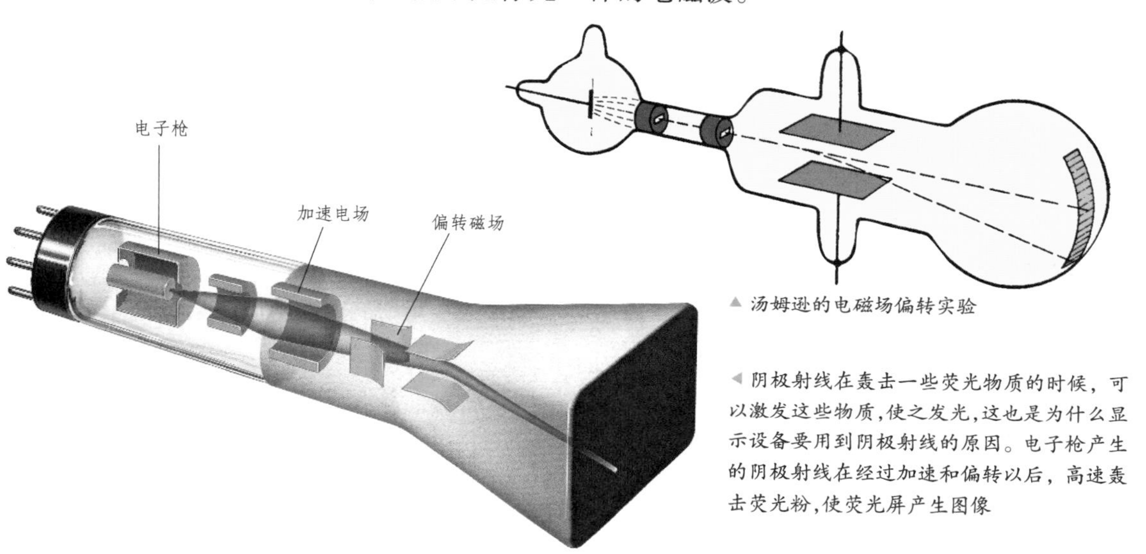

▲ 汤姆逊的电磁场偏转实验

◀ 阴极射线在轰击一些荧光物质的时候，可以激发这些物质，使之发光，这也是为什么显示设备要用到阴极射线的原因。电子枪产生的阴极射线在经过加速和偏转以后，高速轰击荧光粉，使荧光屏产生图像

测量“荷质比”

为了彻底明白阴极射线的本质，1897 年，汤姆逊又做了测量阴极射线的“荷质比”的实验。他发现阴极射线粒子的电荷与氢离子相等，但质量比氢离子小得多，而氢离子是当时已知的最轻的粒子。经过多次实验验证，汤姆逊最终得出：阴极射线由比氢原子小得多的带负电的粒子组成。这正是人们早已从概念上提出来的“电子”。

历史意义

汤姆逊公布自己关于电子的发现后，许多科学家不接受有比原子更小的粒子存在的事实，他们坚信原子是不可再分的，因此对汤姆逊的发现表示怀疑和否定。然而，事实最终战胜了偏见。电子的发现表明原子具有复杂的结构，从而开启了人类探索原子结构的历程，因此在科学史上具有重要的意义。与此同时，它还使我们对电现象有了更深刻的认识。

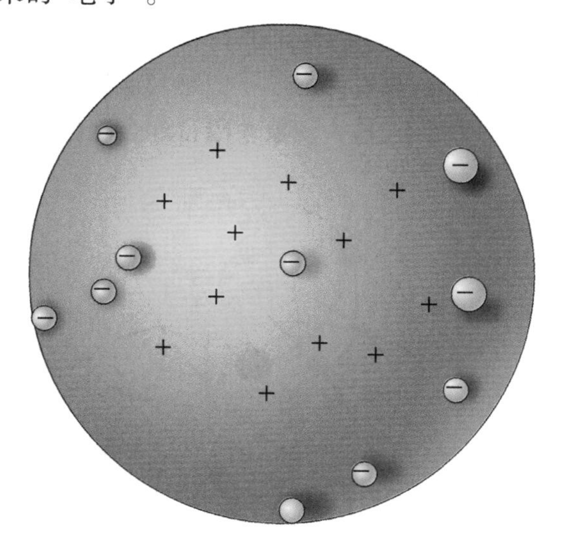

▲ 汤姆逊的原子模型——蛋糕模型

卢瑟福原子模型

我们或许都吃过带葡萄干的蛋糕，葡萄干均匀地分布在蛋糕里面，每吃一口蛋糕都能咬到几颗葡萄干。汤姆逊发现电子后，提出了自己的原子模型——葡萄干蛋糕模型。他认为电子分布在均匀的带正电的物质中，就像葡萄干分布在蛋糕里一样。然而，他的这种设想很快就被他的学生欧内斯特·卢瑟福用一系列实验推翻了。

α射线

卢瑟福在对放射性进行研究时，发现天然放射性元素释放出的是几种不同的射线，他把带正电的射线称为α射线，带负电的射线称为β射线。在对α射线进行深入研究后，他发现α射线是带正电的粒子流，这些粒子是失去两个电子的氦原子，具有很高的动能。卢瑟福想用α粒子当“炮弹”，去轰击其他原子，看看会有什么结果出现。

α粒子散射实验

1910年，卢瑟福带领他的学生做实验，用α粒子轰击金箔。按照汤姆逊的葡萄干蛋糕模型，金原子中带正电的物质均匀分布在整个原子中，因此不可能抵挡得住α粒子的轰击。然而出乎意料的是，卢瑟福发现，大约每射击8 000个α粒子，就有1个α粒子被反射回来。汤姆逊认为，只有考虑原子的绝大部分质量集中在一个核中，这一现象才能得到合理的解释。

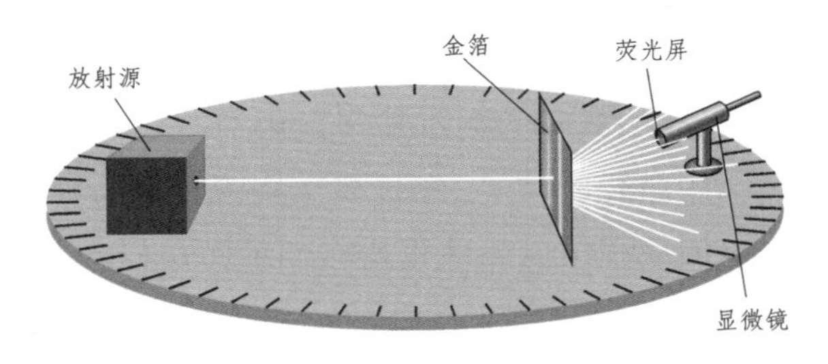

▲ 卢瑟福α粒子散射实验

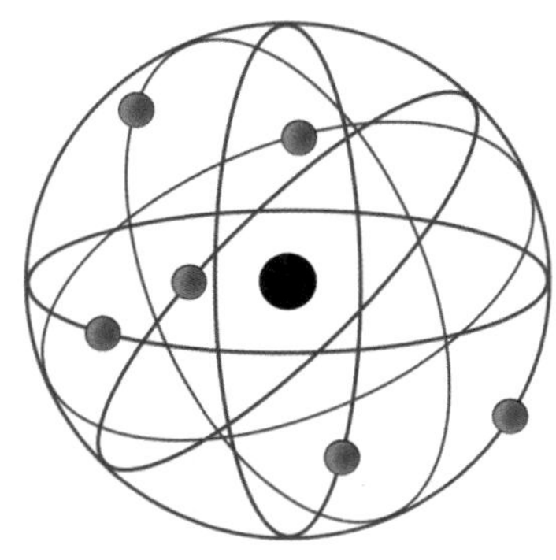
▲ 卢瑟福的原子模型

太阳系结构

卢瑟福经过反复实验和计算，最后否定了老师汤姆逊的葡萄干蛋糕模型，提出了自己的有核原子模型。根据他的原子模型，原子就像太阳系，带正电的原子核就像太阳，相对于整个原子来说体积极小，但占据的质量极大，它位于整个原子的中心，带负电的电子像太阳系的行星一样，绕着原子核运动。原子中的空间绝大部分都是空荡荡的。

发现质子

除了发现原子核这一重大贡献外，卢瑟福的另一贡献就是发现了质子。1919 年，他做了用α粒子轰击氮原子核的实验，并让打出来的粒子经过电场和磁场。根据偏转情况，卢瑟福测出这种粒子的电荷与质量，确定它就是氢原子核，并称它为质子，因为其他原子核的质量几乎都是它的整数倍。卢瑟福发现质子后，又预言了不带电的中子的存在。

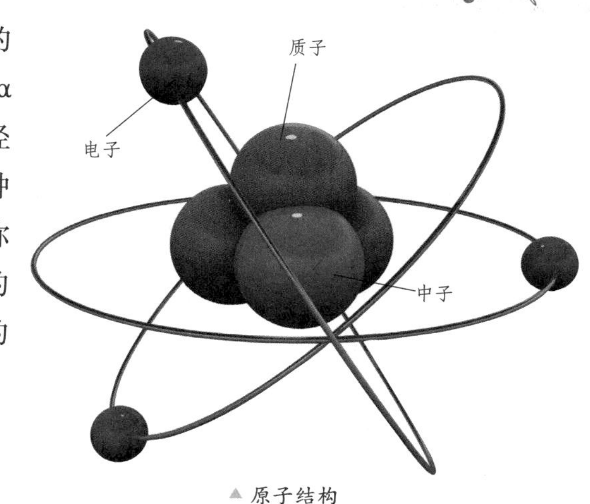

▲ 原子结构

聚焦历史

卢瑟福在物理学领域做出了重大贡献，可他荣获 1908 年诺贝尔奖时，诺贝尔奖委员会颁给他的却是诺贝尔化学奖。对此，卢瑟福风趣地说："我竟然摇身一变，成了一位化学家……这是我人生绝妙的一次玩笑！"

人工核反应

卢瑟福是第一个实现人工核反应的人。自从元素的放射性衰变被发现后，科学家们一直试图用各种方法，来实现元素的人工衰变。卢瑟福为这一设想提供了正确的途径，他用α粒子轰击原子核从而引起核反应的方法，很快成为人们研究原子核和应用核技术的重要手段。

▲ 今天的科学家们在前人的基础上，已能高效、安全地应用核反应技术了

玻尔原子模型

卢瑟福原子模型提出后，很快在科学界引起了争议，因为它存在一个明显的缺陷，即不能保证原子结构的稳定。这一问题是丹麦物理学家尼尔斯·玻尔解决的。他引入普朗克的能量子假说，提出了新的原子模型，指出电子在原子核外的轨道是量子化的。玻尔原子模型成功解决了原子结构的稳定性问题，在后来逐步被实验所证实。

稳定性问题

经典电磁学理论指出，所有加速运动的电荷都会以电磁波的形式向外辐射能量。按照卢瑟福原子模型，电子不断绕着原子核运动，具有向心加速度，因此应该不断向外辐射能量。这样一来，电子具有的能量会越来越小，轨道半径也会越来越小，最终必然会落到原子核上去。也就是说，卢瑟福原子模型不能保证原子结构的稳定性。

▲ 玻尔认为电子在一些特定的可能轨道上绕核做圆周运动，离核愈远能量愈高

▲ 德国物理学家普朗克

能量子假说

19 世纪末 20 世纪初，物理学的各个分支，如力学、热力学和分子运动论、电磁学、光学，都已建立起完善的理论体系。但是仍然存在一些现象无法用已有的理论解释，黑体辐射问题便是其中之一。1900 年，德国物理学家普朗克为了解决黑体辐射问题，创造性地提出了能量子假说：能量不是连续分布的，而是一份一份地存在的，“能量子”是能量的最小单位。

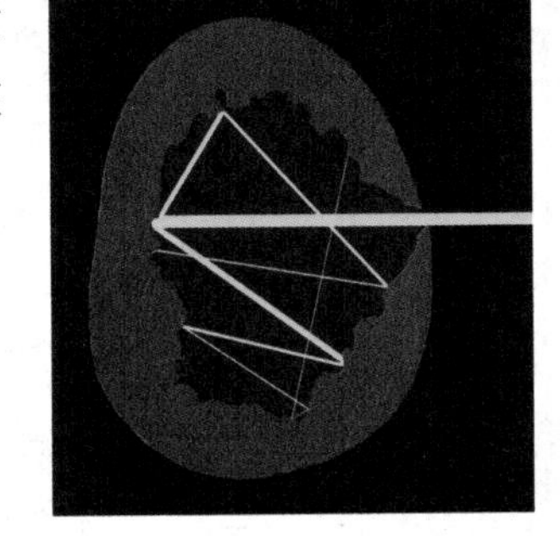

▲ 科学家们用不透射任何辐射的器壁围住的带有一个小孔的空腔，实现了一个热辐射性等同于黑体的环境

见微知著　黑体辐射

物体都具有辐射、吸收和反射电磁波的本领，电磁波的波段与物体的特性及温度有关，这种现象称为热辐射。为了便于研究，科学家们定义了一种只吸收而不反射电磁波的物体——黑体，作为研究热辐射的理想物体。

氢原子光谱

原子中的电子在能量发生变化时，会发射或吸收一系列波长的光，这些光组成的光谱称为原子光谱。氢原子光谱是最简单的原子光谱。瑞士科学家巴耳末最早对氢原子的可见光波段的光谱进行了研究。按照经典理论，电子在原子核外的分布是连续的，那么原子光谱也应该是连续的，但通过实验，巴耳末发现氢原子光谱是分立的。

电子只吸收特定频率的光，或者释放这些频率的光

氢原子可见光波段光谱

玻尔原子模型

同其他科学家一样，玻尔也意识到了卢瑟福原子模型的缺陷，并一直致力于解决这一问题。1913 年，玻尔受巴耳末关于氢原子光谱研究的启发，在卢瑟福原子模型的基础上引入量子论，提出了一个全新的原子模型：电子在原子核外的分布不是连续的，而是在一些特定的轨道上做圆周运动；电子只有从一个轨道跃迁到另一个轨道时才会吸收或发射能量。

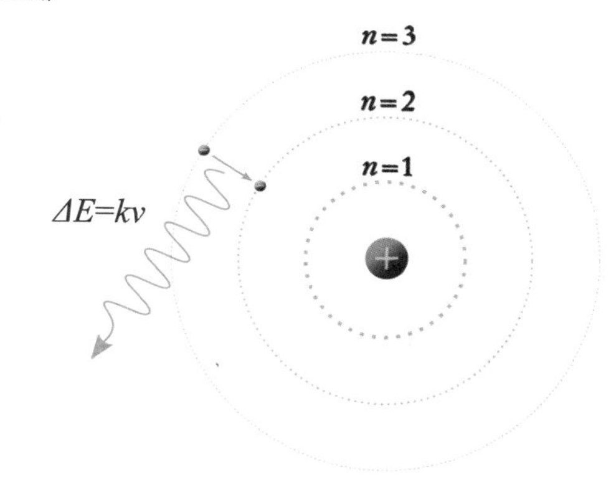

玻尔原子模型。当电子在各电子层之间发生“跃迁”时会发出或吸收所谓的“光子”，必须发出或接受一定的“能量”，而且这些“能量”是特定的

英国物理学家亨利·莫塞莱，原子序数的发现者

实验证实

就在玻尔提出他的原子模型的同一时期，英国物理学家亨利·莫塞莱测定了多种元素的X射线标识谱线，发现它们具有确定的规律。莫塞莱从中总结出了一个公式——莫塞莱公式，但他立刻发现，这个公式可由玻尔原子模型推导出来，这为玻尔原子模型提供了有力的证据。

中子的发现

虽然卢瑟福提出自己的原子模型时，已经预言了中子的存在，但真正发现中子却是十几年后的事。中子的发现历程充满了戏剧性，它是科学史上许多“真理碰到鼻子还没有被发现”的例子之一。直到 1932 年，卢瑟福的学生查德威克才发现了中子。中子的发现深化了人们对原子核的认识，对后来核能的开发有着至关重要的意义。

一个问题

卢瑟福和玻尔的原子模型提出后，科学家们已经明确知道：原子由带正电的原子核和核外带负电的电子构成，原子的质量几乎全部集中在原子核上。科学家们起初还认为，原子核的质量应该等于它含有的质子数，然而一些科学家研究发现，这两者其实并不相等。很显然，原子核内除了含有质子外，还应该含有其他粒子。

▲ 原子核模型

新的射线

1930 年，德国科学家博特和贝克尔用α射线照射铍，结果发现了一种新的射线。在进一步的研究中，他们发现这种射线的穿透力极强，甚至能穿透几厘米厚的铅板。在当时，已知能穿透几厘米厚铅板的只有γ射线，因此博特和贝克尔断定，他们发现的是一种能量很高的γ射线。这样，他们与中子的发现失之交臂。

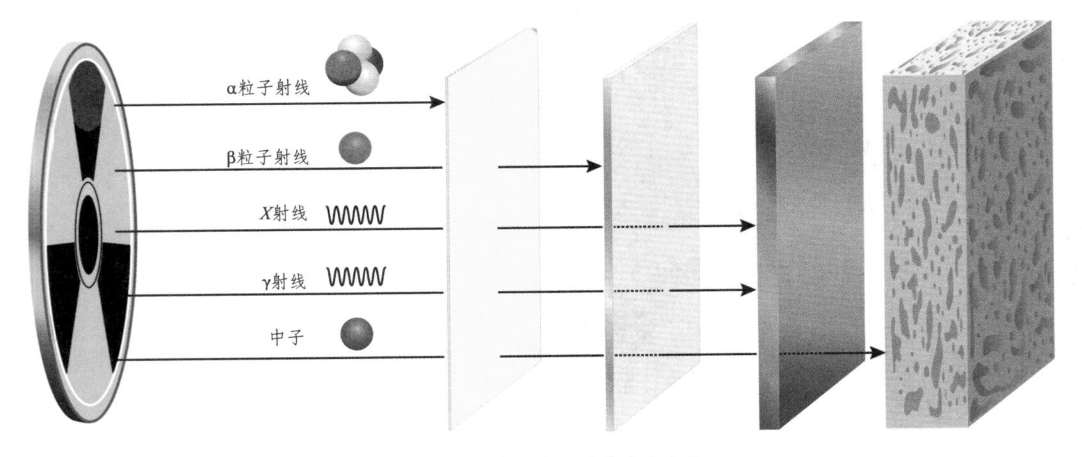

▲ 各种射线及中子的穿透力比较

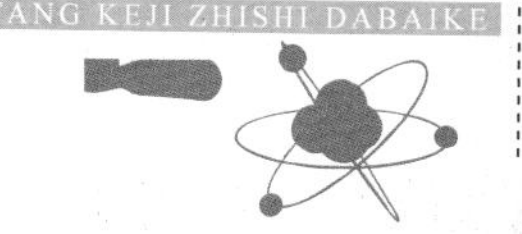

再次研究

1931年，法国科学家约里奥·居里夫妇用钋做α射线源，重复了博特和贝克尔的实验。他们除了得到与博特和贝克尔相同的结果外，还有一项惊奇的发现，那就是这种新射线能将含氢物质中的质子打出来，而γ射线是没有这一本领的。约里奥·居里夫妇没有深入研究到底是怎么回事，只是公布自己发现"γ射线"能产生一种新的作用。这样，他们也停在了发现中子的大门之外。

秘密揭晓

1932年，英国物理学家查德威克重复了用α射线照射铍的实验，发现新射线在速度上比γ射线小得多，显然不是γ射线。他还通过实验发现，这种新射线是由不带电的粒子组成的，粒子的质量与质子几乎相等。直到这时，查德威克才揭开了这种新射线的秘密，原来组成这种新射线的粒子，正是老师卢瑟福早已预言的中子。

▲ 查德威克

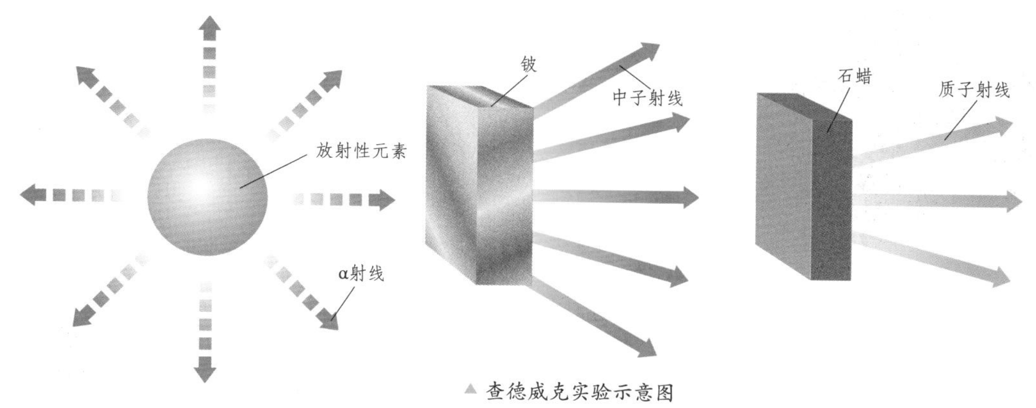

▲ 查德威克实验示意图

难以探测

中子之所以发现得比较晚，是因为它非常难以探测，这与它不带电的特点有关。由于中子呈电中性，科学家们无法用电场对它施加影响，即使磁场也只能对它起到微弱的作用。唯一能控制中子运动的只有核作用力，即把原子核堆放在中子运动的路径上，对中子起到吸收作用，这一点在后来的核反应和核武器研制中扮演着重要角色。

寻根问底

为什么中子不带电？

后来的研究表明，质子由两个上夸克和一个下夸克组成，中子由一个上夸克和两个下夸克组成。上夸克带2/3个单位正电荷，下夸克带1/3个单位负电荷。所以质子带一个单位正电荷，中子不带电。

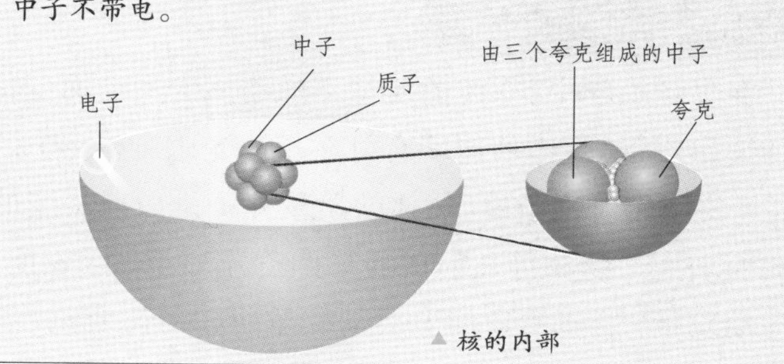

▲ 核的内部

爱因斯坦质能方程

学过物理的人都知道，“质量”是力学中常见的一个物理量，我们再熟悉不过了。实际上，“质量”并不像我们认为的那样简单，它包含了很多你或许不知道的秘密，爱因斯坦正是在研究“质量”的基础上，创立了狭义相对论。质能方程是狭义相对论的一个结论，它揭示了质量和能量的关系，为核能的开发提供了理论依据。

▲ 在牛顿力学中引力质量与惯性质量相等，是一种巧合。1890 年匈牙利物理学家厄缶通过实验，精确检验物体的引力质量与惯性质量相等

惯性质量和引力质量

科学家们在研究物体时，总在寻找一种衡量物体所含物质多少的量度，于是提出了质量这一概念。从牛顿第二定律我们知道，可以根据物体抵抗外力的惯性大小来测量物体的质量，这样测得的质量叫惯性质量。另外，我们也可通过称物体的重量来测量物体的质量，由于物体所受重力是地球引力的一部分，所以这样测得的质量叫引力质量。实验表明，物体的惯性质量与引力质量等价，它们是同一物理量的不同表征。

见微知著　牛顿第二定律

牛顿第二定律：物体的加速度的大小与作用力成正比，与物体的质量成反比。这一定律是艾萨克·牛顿在 1687 年出版的《自然哲学的数学原理》一书中提出的，它是经典力学中非常重要的一条定律。

▶ 在低速(相对于光速)运动中，物体的静止质量与相对质量相等，但在光速运动中则不同

静止质量和运动质量

在牛顿力学中，物体的质量不随物体的运动而变化，因此在不变外力的持续作用下，物体的速度有可能超过光速，这与光速是极限速度的事实不符。狭义相对论指出，物体的质量并不是一成不变的，而是会随速度的增加而增大。物体静止时的质量叫静止质量，因速度增加而增加的质量叫运动质量。静止质量加上运动质量叫相对论质量。物体做低速运动时，运动质量相对于静止质量来说极小，因此可以忽略不计。

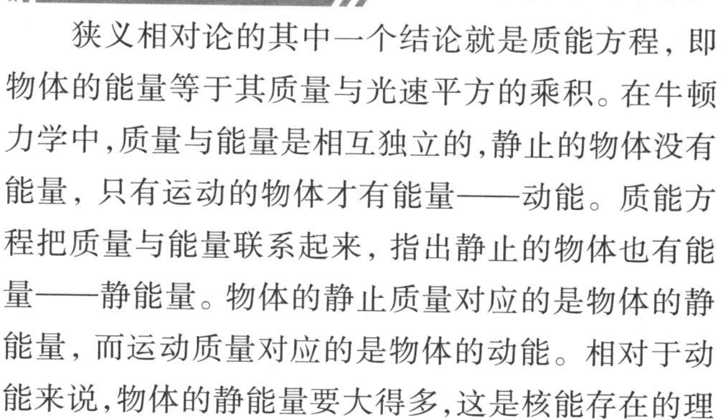

质量与能量的关系

狭义相对论的其中一个结论就是质能方程，即物体的能量等于其质量与光速平方的乘积。在牛顿力学中，质量与能量是相互独立的，静止的物体没有能量，只有运动的物体才有能量——动能。质能方程把质量与能量联系起来，指出静止的物体也有能量——静能量。物体的静止质量对应的是物体的静能量，而运动质量对应的是物体的动能。相对于动能来说，物体的静能量要大得多，这是核能存在的理论依据。

▲ 质量被转化为能量过程中所释放的能量可以通过爱因斯坦的方程式$E=mc^2$算出

▲ 1964年，美国“企业号”核动力航母上的船员在飞行甲板上排列成爱因斯坦著名的方程式$E=mc^2$

▼ 质能方程为原子弹提供理论基础

质量亏损

在核反应中，由原子核组成的反应体系会出现质量亏损，原因不是核子（质子和中子）的总数减少了，而是反应体系的静止质量减少了。减少的静止质量并没有消失，而是转变成了与辐射相关的运动质量，核反应产生的巨大能量，便是增加的运动质量的表现。所以，核反应其实就是静止质量向运动质量、静能量向动能转化的过程。在这个过程中，转化的能量与静止质量的减少遵循爱因斯坦的质能方程。

核裂变的发现

随着人类对微观世界的探索越来越深入，一些奇怪的现象令科学家们困惑不已，核裂变正是在这种情况下被发现的。它是众多科学家艰难探索的结果，其中起到关键作用的是奥托·哈恩、莉泽·迈特纳等科学家。核裂变的发现具有重大意义，它不仅打开了人类开发和利用核能的大门，也使人类更深入地了解了原子核的秘密。

费米的实验

中子被发现后，由于其不带电的特点，极易接近原子核，科学家们便想用它轰击原子核，看看有什么现象发生。1934 年，意大利物理学家恩里科·费米用中子轰击 92 号元素铀，希望合成 93 号超铀元素。结果，他不但没有取得成功，而且还发现了一些无法解释的现象。

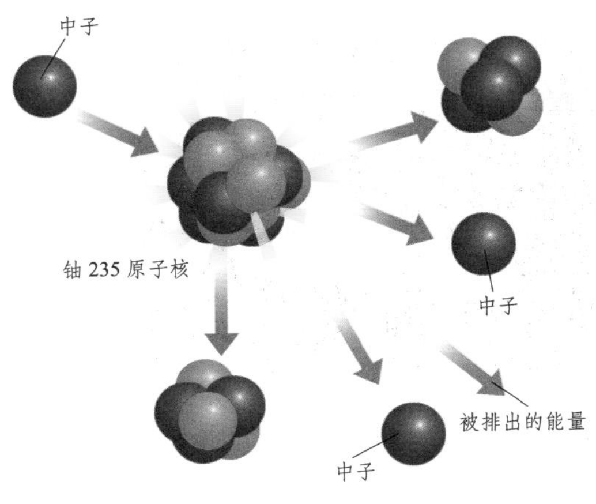

▲一个重原子核被中子轰击，分裂成多个较轻的原子核，同时释放巨大能量

◀奥托·哈恩、莉泽·迈特纳发现核裂变的实验设备

哈恩的研究

奥托·哈恩是德国物理学家，他同奥地利物理学家莉泽·迈特纳合作，重复了费米的实验，得到了与之相同的结果。哈恩以为，铀遭到中子轰击后可能衰变成了 88 号元素镭。于是，他用 56 号元素钡做标记，来探测镭的存在。结果他不但没有探测到镭，反而得到了更多的钡，这令他大惑不解。当时迈特纳为躲避纳粹党的迫害，已经逃到了瑞典，哈恩只好把自己的实验报告寄给她，请她帮忙解释其中到底是怎么回事。

聚焦历史

奥托·哈恩因发现核裂变现象，获得了 1944 年的诺贝尔化学奖。包括玻尔在内的很多科学家都认为，莉泽·迈特纳在发现核裂变的过程中起了至关重要的作用，应该与哈恩一同获奖。这是科学史上一个不公平的例子。

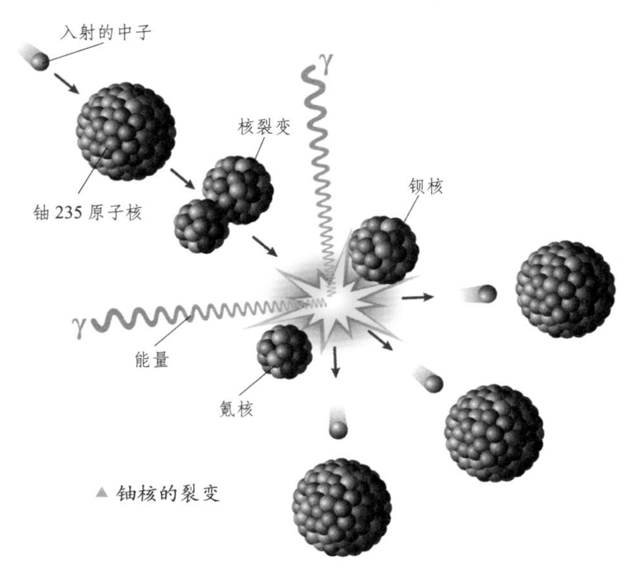

▲ 铀核的裂变

迈特纳的解释

迈特纳看了哈恩的实验报告，认为铀核在遭到中子轰击后，很可能因不稳定分裂成了两半。她和侄子弗里希讨论了一番，然后着手进行了实验，证实遭受中子轰击的铀核分裂成了钡核和氪核，这个过程中还释放出了巨大的能量。1939 年 1 月，他们在《自然》杂志上发表了一篇关于核裂变的论文，很快使这一消息在物理学界广为人知。

链式反应

铀原子核在中子轰击下发生裂变时，一般会释放出 2~4 个中子，这些中子又会继续轰击其他铀原子核，从而形成不断持续的裂变反应，这个过程称为链式反应。核武器的爆炸是让链式反应自发地进行，所以能在短时间内释放出巨大的能量；核电站的运作则是使链式反应受到人工控制，目的是为了让核能持续缓慢地释放出来。

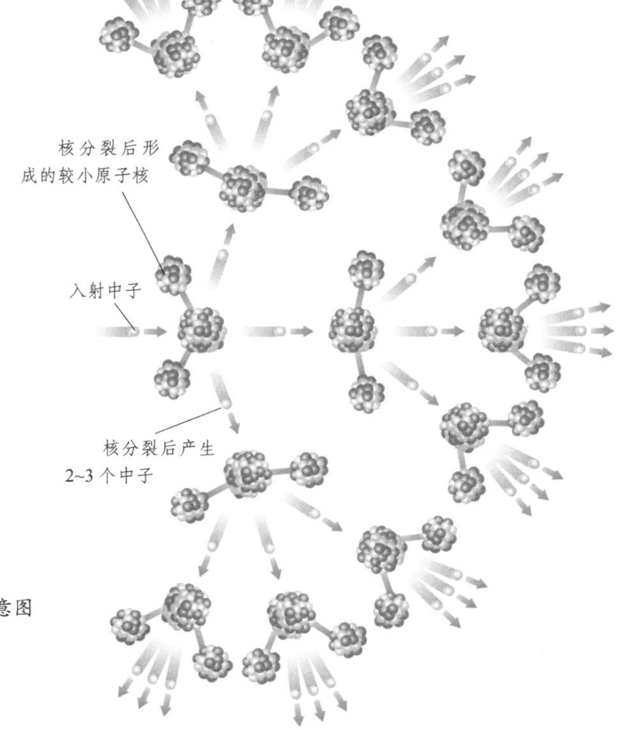

▶ 核裂变的链式反应示意图

分裂方式

铀核在裂变时并不是分裂成相等的两半，也不是每次都以同样的方式分裂。实验表明，裂变可以有三十多种不对称的分裂方式，不过“二分裂”是最常见的，比如铀核最常见的是分裂成钡核和氪核。除了“二分裂”之外，裂变还有“三分裂”“四分裂”，不过后者出现的概率非常小，只有千分之几甚至万分之几。

核聚变

一般的化学反应只是让原子外层的电子重新排列组合，而原子核不发生变化。如果让两个原子的原子核合并成一个原子核，那么这个过程释放的能量之多，会使你简直不敢相信。这种原子核合二为一的反应就是核聚变。目前，中国在核聚变领域取得了重大突破，研究出了液态纯铅冷却剂技术。这种冷却技术能有效防止核聚变反应堆超过临界状态发生爆炸。

什么是核聚变

两个较轻的原子核（主要是指氘或氚的原子核）聚合成一个较重的原子核时，大量的电子和中子会被释放出来，对外表现就是向外释放巨大的能量，这个过程便称为核聚变或热核反应。核聚变发生的条件极为苛刻，需要极高的温度和压力，而且释放能量的过程不可控制，因此目前还无法被有效地利用。为了有效利用核聚变产生的能量，世界各国的科学家们正在积极进行“受控核聚变”的研究，目前正在试验中的“受控核聚变反应装置”有两种：磁约束装置和惯性约束装置。

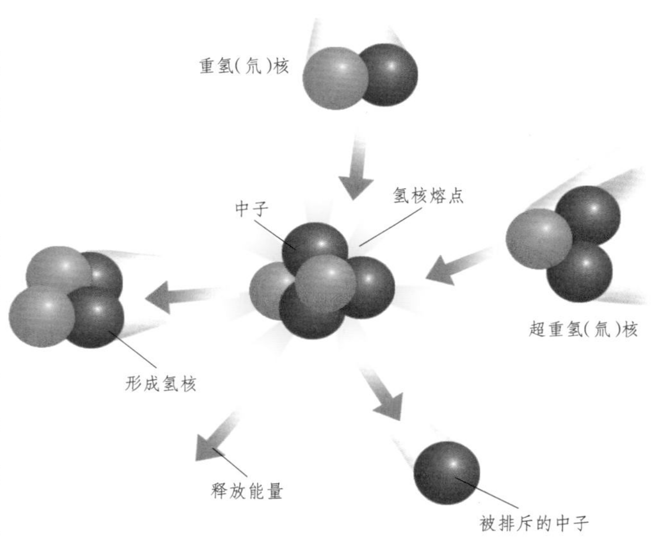

▲ 在聚变反应中，较轻的原子核结合在一起，形成较重的原子核，同时释放巨大的能量

优势与劣势

氘和氚是核聚变反应主要的燃料。氘在海水中的储量非常高，大约每 6 500 个氢原子中就有一个氘原子。据测算，海水中氘的总量约有 45 万亿吨。自然界中氚的储量比较少，但可以用锂制造。而地球上锂的储量也有 2 000 多亿吨。这么多的氘和氚足够人类使用很多年。因此，可以说核聚变能是一种取之不尽、用之不竭的新能源。不过，核聚变的劣势也非常明显，最主要的就是反应要求与技术要求极高。虽然人们现在可以用它来制造氢弹，但用它来发电还没能实现。据估算，用核聚变进行商业发电要在 2025 年以后才有可能实现。

巨大能量

发生核聚变反应时，平均每个核子释放的能量高达3.6MeV，是核裂变中每个核子平均释放的0.85MeV能量的4倍。因此，聚变能是比裂变能更为巨大的一种核能。不过，原子核要发生聚变，就要克服电荷间极大的斥力，这就需要原子核具有非常大的动能，因此它们的温度要达到几百万摄氏度以上。这也就是为什么要用原子弹来引爆氢弹的原因。

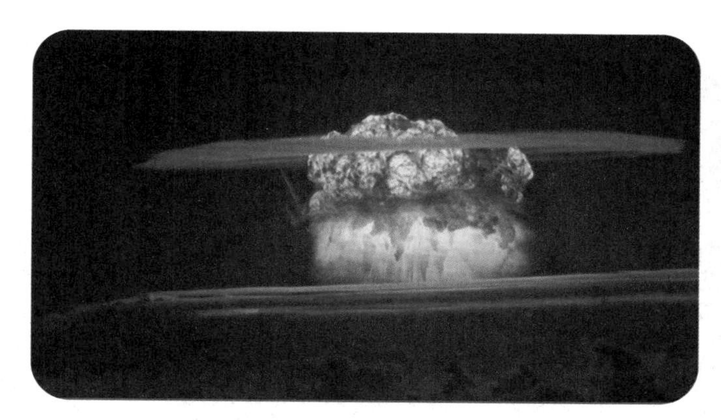

▲ 氢弹爆炸

太阳的能量源头

我们每天抬头即见的太阳，无时无刻不在发生核聚变反应。正是这些核聚变释放的能量，使得太阳光芒万丈。太阳的核心区又称核反应区，这里每秒有400多万吨物质转化成能量，是太阳发射能量的源头。核反应区的半径占太阳半径的1/4，体积占太阳体积的1/64，而质量却占整个太阳质量的1/2以上。核反应区的中心温度高达1 500万摄氏度，压力相当于3 000亿个大气压，为热核反应提供了足够的条件。据测算，再过大约50亿年，太阳会消耗完内部的氢。

◀ 太阳是一个巨大的“氢弹”，它里面无时无刻不在发生核聚变，正是这些核聚变释放的能量，使得太阳光芒万丈

寻根问底

为什么太阳核聚变反应没有一次性完成，而是要维持50多亿年？

太阳是一团依靠引力聚集在一起的气体，越往中心，温度越高物质密度、压力越大。如果太阳不发生核聚变，那么在引力的作用下，所有的物质就会向中心聚集。太阳之所以保持稳定，是因为向内的引力和向外的辐射压力相平衡。如果核聚变反应变强，那么辐射压力就会增大，气体就会向外膨胀，太阳内部温度就会降低，使得核聚变反应变弱，使内外重新达到平衡。反之，也是如此。因此，太阳一直保持动态稳定，没有一次性完成反应。

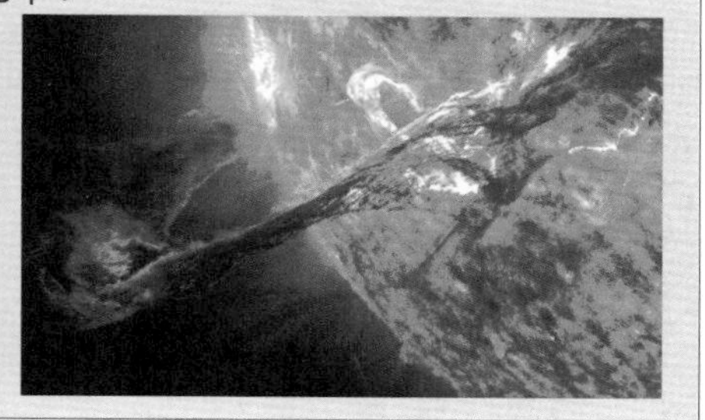

核武器横空出世

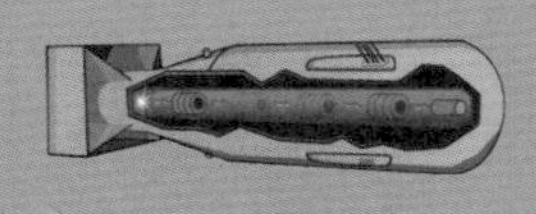

你还知道在广岛和长崎爆炸的两颗原子弹叫什么名字吗？它们的爆炸给世界带来巨大的震撼，给日本人民带来深重的灾难，也给整个人类带来深刻的教训。原子弹是人类探索微观世界的直接成果。从第一颗原子弹爆炸开始，人类便被这种巨大的能量震撼了。在经过半个多世纪的坎坷之后，人类慢慢学会了掌握这种能量。虽然核武器的威胁依然存在，但我们相信，凭借人类共同的努力，这个问题一定可以得到妥善解决。

核武器诞生的大背景——二战

1939—1945 年，全世界掀起一场规模空前的战争，即第二次世界大战（简称“二战”）。二战是以美国、英国、苏联为首的同盟国与以德国、日本、意大利为首的轴心国之间发生的战争，牵涉 60 多个国家，20 亿以上人口，给人类造成了巨大而深重的灾难。核武器是在二战这一大背景下诞生的，在二战临近结束时起了决定性的作用。

▲ 世界经济危机造成的大量失业人员

二战起因

二战的起因主要有三点：①第一次世界大战（简称“一战”）并未解决西方列强之间的矛盾，战败国德国对《凡尔赛和约》的严酷条款怀有怨愤，战胜国意大利因未得到期望的利益而不满；②法西斯专政先后在工业日渐强大的意大利、日本、德国建立起来；③20 世纪 20 年代末开始的世界经济危机席卷了整个西方世界，推动了法西斯政权发动侵略战争。

德国横扫欧洲

1939 年 9 月 1 日，德国闪击波兰，随后英、法对德宣战。不到一年的时间里，德国横扫欧洲大陆，占领了丹麦、挪威、卢森堡、荷兰、比利时等国，法国被迫投降。英国殊死抵抗，才使德国遭遇一些挫折。1941 年 9 月 6 日，德国入侵苏联。苏军起初节节败退，后来在莫斯科保卫战中歼灭德军 50 万人，给予德军有力打击。

▲ 德军“闪击战”攻克波兰后，行进在波兰街头

美国参战

1941 年 12 月 7 日，日本海军和空军对美国在太平洋上的军事基地珍珠港发起突然袭击，以微小的代价重创美国太平洋舰队。太平洋战争爆发，二战达到最大规模。1942 年 1 月，美、英、苏、中等二十多个国家在华盛顿发表《联合国家共同宣言》，建立了世界反法西斯同盟，加速了二战胜利的进程。

▲ 在珍珠港袭击中被击沉的美国“亚利桑那”号战列舰

寻根问底

二战中日本为什么要去惹美国？

日本在向东南亚扩展时，侵犯了美国在东南亚地区的利益。美国因此停止了向日本出口钢铁、石油等战略物资，这对战略物资依赖进口的日本是一个沉重打击。于是，日本策划并实施了珍珠港袭击。

雅尔塔会议

1943 年 9 月，意大利投降。1944 年 6 月，盟军在法国诺曼底登陆，与东边的苏军一起，对德军进行两面夹击。1945 年 2 月，美、英、苏三国首脑在苏联召开雅尔塔会议，提出彻底消灭德国法西斯主义、惩办战犯、战后建立联合国等建议。1945 年 5 月 9 日，德国无条件投降。1945 年 8 月，美国在日本先后投下两颗原子弹，迫使日本无条件投降。

◀ 在雅尔塔会议期间，丘吉尔、罗斯福、斯大林三人的合影

战争影响

二战对整个世界产生了深远的影响，它改变了世界格局，促成了联合国的成立，确立了新的世界秩序。由于英、法等国在二战中遭受重创，亚非地区原先属于英、法的殖民地在二战之后纷纷兴起独立解放运动，全球殖民地体系彻底瓦解。以美、苏为首的两极阵营开始形成。二战还促进了科学技术的发展，推动了人类历史文明的进步。

各国竞相研制核武器

核裂变现象是在1938年发现的，次年二战便爆发了。起初，一些科学家已经预见到，利用铀核裂变可以制造杀伤力巨大的武器，但并未立刻付诸实施。但是随着战争愈演愈烈，参战大国的军政领导人也开始关注这一研究，一些从事相关研究的科学家纷纷被卷入其中，核武器的研制在这些国家逐渐秘密地展开，但结果不尽相同。

希特勒不重视

二战期间，德国工业实力强，科研基础好，是核武器研制起步最早的国家。但是，希特勒认为凭借德国已有的机械化装备，可以很快结束战争，所以一直没有重视核武器的研制。直到1944年，德国在战场上失去军事优势后，希特勒才想用核武器来挽救局势，但为时已晚。当时，大批科学家已不忍希特勒政府的迫害而出逃，留下来的也采取了不合作态度，所以德国一直没能研制出核武器。

▲ 1943年，美国空袭纳粹德国设在挪威的重水工厂，最终使德国与原子弹失之交臂

英国条件有限

英国的核武器研制起步也较早，丘吉尔还是国会议员时，就已经开始关注这方面的研究。1940年，丘吉尔出任英国首相后，投入了大批人力和财力，展开对核武器的研制。但是没过多久，英国便遭到德国的大力进攻，国家安全受到严重威胁，以致没有多少余力从事核武器研制。后来，英国将研究机构转移到加拿大，与美国展开合作，这就是以后的曼哈顿计划。所以，在美国研制出核武器的过程中，英国也算是功不可没。

▲ 二战时，德国对英国持续256天的空袭，将英国许多城市变为废墟，图为无家可归的儿童

▲1949年8月29日，苏联第一颗原子弹在塞米巴拉金斯克试验场爆炸的情景

苏联奋起直追

相对于德国和英国来说，苏联的核武器研制要晚一些。苏德战争爆发后，苏联感到了德国的威胁，便派兵进行抵抗，很多科学家也被派到了前线。随着战争的推进，苏联的一些科学家意识到其他参战大国都在秘密研制核武器，苏联在这一问题上不应无所作为，于是上书斯大林。斯大林亲自召开了核科学家会议，指派库尔恰托夫为领导，带领一批人开展核武器研制工作，但由于种种原因，未能在战争结束前获得成功。

▲在库尔恰托夫的领导下，苏联建造了第一台回旋加速器、欧洲第一座原子反应堆，造出了苏联的第一颗原子弹、第一颗氢弹，并建造了世界上第一座原子能发电站

聚焦历史

二战期间，有人曾经向希特勒提出研制核武器的计划，希特勒听后颁布了一条命令："任何人提出的新武器研制计划，如果不能保证在六个星期内研制出来并投入使用，那么这种计划就不能批准实施。"

日本中途夭折

二战之前，日本在核物理研究上已经有了一定的基础，很多一流科学家都在进行这方面的研究。1941年，日本陆军着手研制核武器，随着后来战争形势的变化，更是加快了研制的进程。与此同时，日本海军也开始独立研制核武器，并将此任务委托京都大学。但是直到1945年初，日本分离铀的实验均以失败告终，研制设备和资料也在后来美国地毯式轰炸中毁于一旦。就这样，日本的核武器研制在中途夭折了。

▲仁科芳雄，日本原子物理学的开拓者，曾是日本原子弹研制计划"仁方案"的主要负责人。1945年，美军大规模轰炸东京，最终使日本"仁方案"胎死腹中

美国启动曼哈顿计划

与德国、英国、苏联、日本相比，美国的核武器研制是起步最晚的，但是凭借得天独厚的地理优势和大量人力、财力的投入，美国率先研制出第一颗原子弹。美国研制原子弹的计划叫“曼哈顿计划”，这是一项史无前例的计划，集中了当时几乎所有最优秀的科学家，动用了超过10万人，耗资20多亿美元，历时3年才取得成功。

▲ 1939年，罗斯福收到爱因斯坦和许多科学家的联名建议研制原子弹的书信

科学家的游说

1939年8月，流亡美国的科学家西拉德、费米、爱因斯坦等，担心德国率先制造出原子弹，便联名写信给美国总统罗斯福，建议美国抓紧研制原子弹。这封信过了很长时间后，才经总统的科学顾问萨克斯转到罗斯福手中。罗斯福起初有所犹豫，但萨克斯借拿破仑因思想保守而失败的历史教训最终说服罗斯福，启动研制核武器的曼哈顿计划。

秘密进行

曼哈顿计划确定下来后，被赋予“高于一切行动的特别优先权”，并于暗中秘密地进行。当时为这项计划工作的10万多人中，只有12个人知道全盘的计划，其他大多数人都不知道自己是在制造原子弹。奥本海默被任命为这项计划的领导者，负责科学家、政府官员和普通职工之间的协调工作，同时与科学家们讨论一些关键性的技术问题。

◀ 曼哈顿计划是一个庞大的工程，是任何一次武器实验所都无法比拟的

第一台核反应堆

要造出原子弹，首先必须建造核反应堆，因为设计原子弹的重要数据和原理都必须在核反应堆的实验中获得。核反应堆通过合理布置核燃料，使得在无需补加中子源的条件下，核裂变反应能可控地自持进行下去。1942 年 12 月，在恩里科·费米的领导下，芝加哥大学建成了世界上第一台核反应堆，为曼哈顿计划开了一个好头。

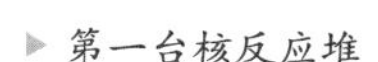

▶ 第一台核反应堆

▲ 橡树岭工厂内的一个部门内景

橡树岭工厂

研制原子弹的浓缩铀丰度必须在 90%以上，而自然界中铀 235 的丰度只有 0.72%，所以铀浓缩也是曼哈顿计划中一项浩大的工程。格罗夫斯出任曼哈顿计划的军方领导后，选定田纳西州的橡树岭为地址，建立了铀分离工厂。1944 年 3 月，橡树岭工厂生产出第一批浓缩铀 235，为赶在二战结束前造出原子弹提供了保障。

见微知著　**中子源**

中子源指能释放出中子的装置。中子源是进行中子核反应、中子衍射等中子物理实验的必要设备，包括同位素中子源、加速器中子源和核反应中子源。中子源在医药、石油勘探、核武器、核动力等领域有着广泛的应用。

▲ 奥本海默和同事在洛斯阿拉莫斯实验室

洛斯阿拉莫斯实验室

在奥本海默的建议下，美国军方选择新墨西哥州的洛斯阿拉莫斯为地址，建立了一个研究原子弹结构的基地，奥本海默被任命为洛斯阿拉莫斯实验室的主任。洛斯阿拉莫斯实验室的主要任务是原子弹最后的组装工作。1945 年 7 月 12 日，第一颗用于试验的原子弹在洛斯阿拉莫斯实验室组装完成。

第一次核爆炸试验

经过四五年的艰苦努力，美国一共研制出三颗原子弹，分别叫“大男孩”“小男孩”和“胖子”，其中“大男孩”用于试验。核爆炸试验的目的是鉴定核武器的威力，并验证理论计算与结构设计是否合理，从而为改进核武器的设计提供依据。美国的第一次核爆炸试验效果令人震撼，远远超出了科学家们事先的估计和想象。

爆炸前的准备

1945年7月12日，“大男孩”被从洛斯阿拉莫斯实验室秘密运出来，经专门通道运往阿拉莫戈多沙漠的试验现场。那里早已建立起一座高达30米的钢架，“大男孩”就被装在钢架的顶端。曼哈顿计划的领导人与气象学家商讨过后，将起爆时间定在7月16日凌晨5点30分。7月15日，参与曼哈顿计划的科学家们都穿上特制的服装，提前赶到距离钢架十几千米外的宿营地，凝神等待即将发生的这一具有历史意义的时刻。

▲ 1945年7月15日“大男孩”被装在钢架上等待发射

寻根问底

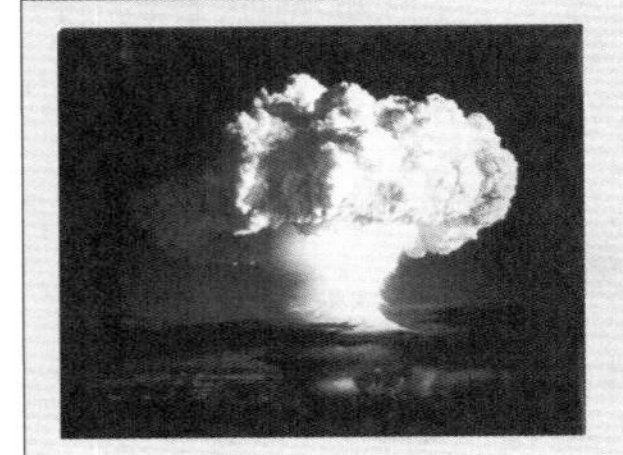

核爆炸为什么会产生巨大的蘑菇云？

核爆炸会产生数千万摄氏度的高温，迅速将周围大量的空气加热，被加热膨胀的空气会急剧上升，在高空的低气压中舒展开来形成膨大的云团，所以看上去像一朵巨大的蘑菇。

波茨坦会议推迟

当阿拉莫戈多沙漠的试验现场一切准备就绪时，美国新任总统杜鲁门（罗斯福于1945年4月12日突发脑溢血逝世）正准备前往德国召开波茨坦会议。1945年5月9日德国投降后，同盟国为了协调处理关于德国的问题以及对日作战的问题，决定在德国的波茨坦市举行首脑会议。会议原本定在7月17日开始，杜鲁门15日抵达波茨坦后，为了借助原子弹爆炸抬高美国的国际地位，特别建议将会议推迟到两个星期后举行。

▲ 波茨坦会议上的苏、美、英三国首脑

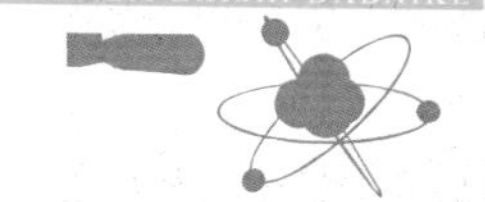

巨大的火球

核爆炸按钮启动的一瞬间，天上出现一道极其强烈的闪光，从半径30千米内的地方看去，它相当于几个正午的太阳，方圆300千米内均能看见亮光。闪光过后，爆炸点周围立刻形成一个巨大的火球，火球迅速向周围扩展，仿佛要吞没整片天空和大地。几秒钟后，火球变成了像蘑菇一样的形状，一直上升到3千米高后才熄灭。随后，天空上出现一个巨大的云团，一直冲破降雨的云层而冲上高空，然后才慢慢分散、变淡。

▲"大男孩"爆炸产生的蘑菇云

钢铁瞬间蒸发

爆炸过后，地面形成了一个直径360米的巨坑，其中的植物全部消灭，坑内只剩下细微的粉尘。那座用来支撑原子弹的钢架，在高温中瞬间蒸发得无影无踪。离爆炸中心450米远的地方，原先有一根直径超过1.2米、高近5米的铁管埋在混凝土内，但是爆炸过后，这根铁管不见了。爆炸发生后的第二天，也就是7月18日，格罗夫斯向美国陆军部长报告了这次核爆炸的情景，他称"那是一种善的力量，也是一种恶的力量"。

阿拉莫戈多沙漠的试验现场在"大男孩"发射前的面貌

"大男孩"起爆点地标

广岛和长崎的灾难

1945 年 7 月 26 日，美、英、中三国联合发表《波茨坦公告》，敦促日本立刻无条件投降，但是日本拒绝接受这一公告。在此之前，美军已经制订了登陆日本本土作战的计划，但考虑到要彻底打垮日军，盟军还要牺牲上百万士兵的生命。为了减少盟军伤亡，美国决定向日本投掷最新研制出的原子弹，以加快战争的结束。

地点选择

决定使用原子弹后，美国总统杜鲁门选定了日本的六个城市作为投掷原子弹的备选目标，分别是东京、京都、新泻、小仓、广岛和长崎。东京此前遭受过轰炸，难以判定原子弹的效果；京都是日本的文化古都，投掷原子弹的影响不好；新泻距离太远，所以被排除在外；小仓是日本重要的工业基地，但投掷当天天气条件极差。这样，美国投掷原子弹的目标便锁定在了日本的陆军之城——广岛和重要的造船基地——长崎。

聚焦历史

在是否对日本使用原子弹的问题上，美国国内其实存在一些反对声音。是丘吉尔向杜鲁门建议，说对日本使用一两次原子弹，可以给日本一个体面的台阶，解除其武士道精神的武装，杜鲁门这才下定了决心。

▲ 执行广岛原子弹轰炸任务的 B-29 超级空中堡垒“艾诺拉·盖伊”号

◀ 广岛原子弹爆炸使一只手表定格在 8 点 15 分

▲ “小男孩”原子弹模型

投弹过程

1945 年 8 月 6 日早晨 8 点，三架 B-29 美机进入广岛上空，广岛居民对此早已习以为常。他们不知道，这次的飞机与往日大不相同，其中一架飞机上装有原子弹。9 点 14 分，装有原子弹的那架飞机启动了投弹装置，60 秒后，原子弹从打开的舱门落入空中。与此同时，这架飞机做了一个 155°的急转弯，然后全速向前飞行，以便尽量远离爆炸地点。45 秒后，随着强烈的闪光和轰隆的巨响，原子弹在广岛上空 600 米的地方爆炸了。

广岛之灾

在广岛投下的是名为“小男孩”的原子弹。“小男孩”是一颗铀弹，长约 3 米，直径约 0.7 米，重约 4 吨，里面装有约 60 千克的浓缩铀。伴随这颗原子弹的爆炸，广岛的建筑物几乎全被摧毁，位于爆炸中心的人和物顷刻之间化为了气体，很多人都被烧成了残骸，还有很多人虽然当时侥幸活了下来，但被烧得面目全非。广岛市 24.5 万人中，有近 8 万人当天死亡，还有十几万人在后来因辐射引起的癌症、白血病等陆陆续续地死亡。

▲ 原子弹爆炸一个月后的广岛

长崎之灾

广岛遭受原子弹轰炸后，日本政府对外宣称是陨石陨落所致，仍然拒绝接受《波茨坦公告》。美国为了彻底摧毁日本的抵抗决心，于 1945 年 8 月 9 日上午 11 点又在长崎投下第二颗原子弹——“胖子”。“胖子”是一颗钚(bù)弹，长约 3.6 米，直径约 1.5 米，重约 4.9 吨，在长崎上空 500 米左右的地方爆炸。长崎 60%的建筑物被摧毁，全市 23 万人中有 8 万余人当天死亡，后来陆陆续续死亡的也有好几万人。

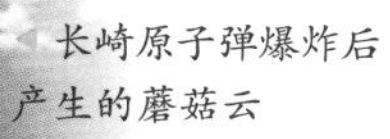

长崎原子弹爆炸后产生的蘑菇云

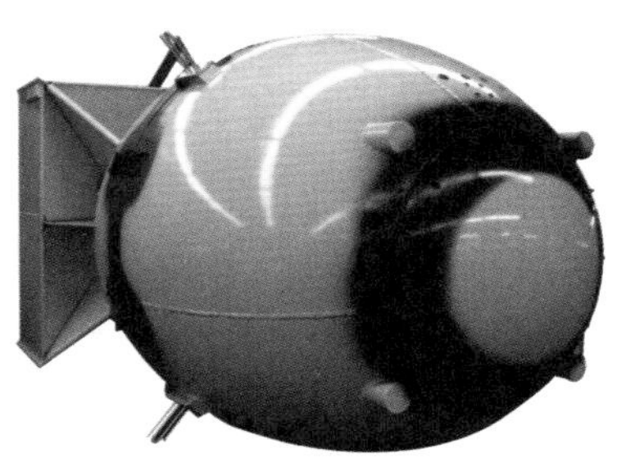

▲ “胖子” 原子弹模

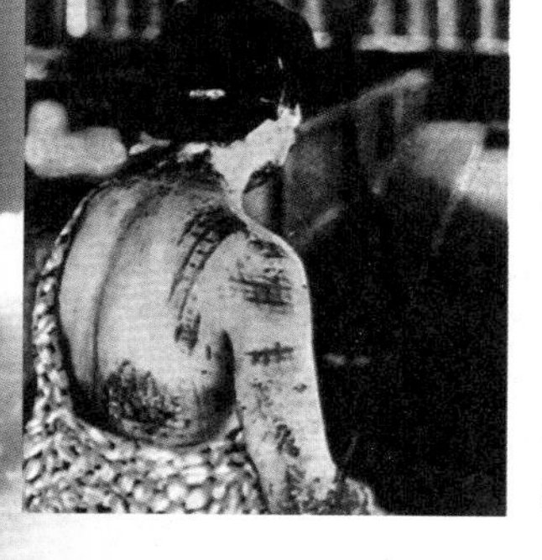

◀ 被原子弹爆炸灼伤皮肤的长崎受害者

中国的核武器研制与试验

中国的核武器研制起始于1955年，在经历了一系列艰难和曲折后，于1964年成功试爆第一颗原子弹。随后，中国又开始氢弹的研究，并很快取得成功。中国是继美国、苏联、英国、法国之后，世界上第五个拥有核武器的国家。中国拥有自己的核武器，对于打破核大国的核垄断、保卫自己国家的安全，具有十分重要的意义。

最高决策

1955年1月15日，毛泽东主持召开会议，与会人员除了刘少奇、周恩来、彭德怀等国家领导外，还有李四光、钱三强等科学家。科学家们向毛主席和与会领导介绍了核科学和原子能的发展现状。会议临近结束时，毛主席做出了发展原子能事业和研制原子弹的决定，并委派聂荣臻元帅为这一计划的主要负责人。

聚焦历史

1958年，苏联领导人赫鲁晓夫要求在中国建立由苏联控制的长波电台和共同舰队，遭到了毛泽东的拒绝。两年后，赫鲁晓夫借口与美国等西方国家正在进行关于禁止核试验的谈判，撤走了在中国的所有技术专家。

选址金银滩

研制原子弹的计划定下来后，接下来便是选择研制基地的问题。选择研制基地要考虑保密、辐射、交通便利等因素，位于青海的金银滩四面环山，人烟稀少，距离西宁只有100多千米，是建设研制基地的理想地方。1958年，核研制基地司令员李觉带领第一批基建队来到这里，顶风冒雪开始建立中国第一个核武器研制基地。

▼金银滩原子城

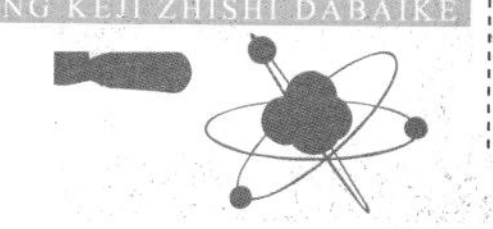

苏联的援助

中国开始研制原子弹时，秉着“自力更生为主，争取外援为辅”的原则。1957 年，聂荣臻元帅与苏联代表签订《中苏核技术合作协定》。在苏联的帮助下，中国建造了一系列技术含量很高的设备，如核反应堆、回旋加速器、铀处理设备等。但是后来中苏关系恶化，尤其是在 1960 年，苏联撤回了所有在华专家，停止向中国进行技术援助。

第一颗原子弹试爆成功

在没有外界帮助的情况下，中国科学家凭着自力更生、艰苦奋斗的精神，仍然独立研制出了原子弹。1964 年 10 月 16 日下午 3 点，中国第一颗原子弹在新疆罗布泊戈壁试爆成功。中国政府向全世界公布了这一消息，并强调指出：“中国发展核武器，是为了打破核大国的核垄断”，“中国在任何时候、任何情况下，都不会首先使用核武器”。

▲ 中国第一颗原子弹爆炸产生的蘑菇云

▲ 中国第一颗氢弹模型

第一颗氢弹试爆成功

1967 年 6 月 17 日，中国第一颗氢弹爆炸试验成功，成为当时第四个拥有氢弹的国家。从第一颗原子弹试验到第一颗氢弹试验，美国用了七年半，苏联用了四年，英国用了四年半，法国用了八年半，而中国仅仅用了两年半，这令世界各国震惊不已。第一颗氢弹试爆成功标志着中国已经进入世界核先进国家的行列。

核武器的威力及杀伤破坏因素

核武器以其巨大的威力而广为人知，也成为世界各国重视的战略武器。其实，不同核武器之间威力还是有很大差别的，这与核武器含有的核装料的多少有关。科学家们通常用 TNT 当量来衡量核武器的威力。核武器有五大杀伤破坏因素，即光辐射、冲击波、早期核辐射、放射性污染、核电磁脉冲，是造成破坏和灾难的五大杀手。

TNT 当量

TNT 当量指核爆炸释放的能量相当于多少吨TNT炸药爆炸释放的能量，也可以用来表示非核爆炸释放的能量大小，比如 2015 年 8 月 12 日发生在天津的爆炸当量为 21 吨。核武器的 TNT 当量有大有小，小的不足 1 000 吨，大的可达 1 000 万吨，苏联曾经试爆过一颗 5 000 万吨当量的氢弹。在广岛爆炸的“小男孩”当量为 1.3 万吨。

▲ 1952 年，美国常春藤行动中试爆的“Ivy King”弹当量为 50 万吨，是目前测试的已知最大的纯裂变原子弹

光辐射

核武器爆炸时，伴随着强烈的闪光和紧随其后的高温火球，会向周围辐射强烈的光和热，即为光辐射。光辐射一般会持续几十秒，其主要危害是使物体吸热升温。人在吸收强烈的光辐射后，身体会被严重烧伤，在吸入光辐射加热的空气后，呼吸道会被灼伤。强烈的光辐射还会点燃大量可燃物，造成严重的火灾和大范围的破坏。

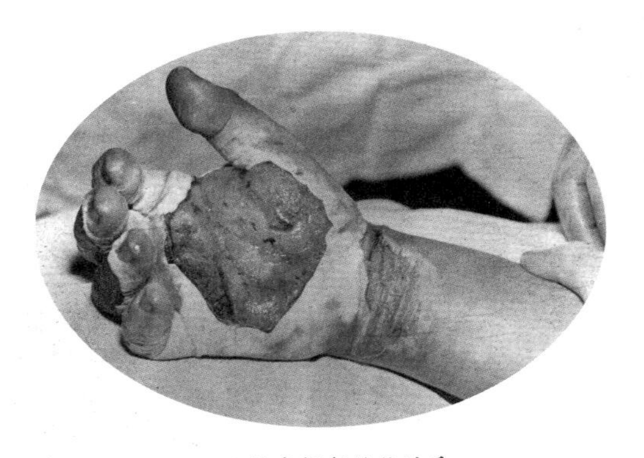

▲ 被光辐射灼伤的手

冲击波

冲击波是核武器爆炸时产生的高速、高压的气浪，虽然与普通炸药爆炸产生的冲击波相似，但就威力上来说不知要比后者大多少倍。冲击波会对人和物体造成挤压，使人的肺、肠胃、耳膜等器官受到损伤，使地面建筑遭到严重破坏。当量在万吨以上的核武器在空中和地面爆炸时，冲击波是在较大范围内起杀伤破坏作用的主要因素。

▶ 一位军官在检测核试验中被冲击波破坏了的汽车

早期核辐射和放射性污染

早期核辐射是核武器爆炸的最初几秒里释放出的γ射线和中子流，这些射线具有很强的穿透力，会对人体及特定物品（如电子器件、光学玻璃等）造成破坏。核武器爆炸还会产生大量放射性物质，随着烟尘一起沉降到地面，形成放射性污染区，对人和动植物造成一定的危害，强度虽不如早期核辐射大，但危害时间却要长得多。

▲ 被放射性污染的土地需要几代甚至上千年的时间治理才能完全消除

核电磁脉冲

核武器爆炸时，产生的强脉冲会与周围物质作用产生电磁波，其强度可比普通无线电波大百万倍，对人体不会直接产生杀伤作用，但遇到接受体时会瞬间产生强大的电压和电流，从而破坏电子和电气设备、自动控制系统等。超高空核爆炸产生的电磁脉冲最强，作用范围可达数千千米，甚至对飞行中的卫星也会造成影响。

寻根问底

针对核爆炸有什么防护措施？

核爆炸发生时，如果身边有湖泊或池塘，应尽快跳入水中避难；利用土坡、树木等作掩体，可以减轻或避免光辐射的危害；爆炸过后，应尽快离开污染区，并对受污染的人和物体进行冲洗。

五花八门的核试验

出于军事目的或为了科学研究，在预定条件下进行的核武器爆炸试验，称为核试验。它是为了验证核武器的爆炸情况和杀伤破坏因素，所进行的一项大规模的、需要众多部门协调配合才能完成的科学试验。一般来说，核试验根据环境条件的不同，有大气层核试验、高空核试验、地下核试验、水下核试验。

大气层核试验

大气层核试验是在高度30千米以下的空中、地面或水面进行的核试验。进行大气层核试验时，核装置是通过飞机或火箭运载到预定高度，也可以放在建好的铁塔上进行。大气层核试验便于观测和研究核爆炸的效应，例如，研究核爆炸造成的力学、光学、核辐射、电磁波等方面的现象，研究放射性物质沉降的规律，同时也利于收回核反应的产物。它的缺点是会对局部环境造成严重的污染，而且不利于保密。

▲ 大气层核试验易于实现，核武器国家一般都选它作为首次核试验的类型

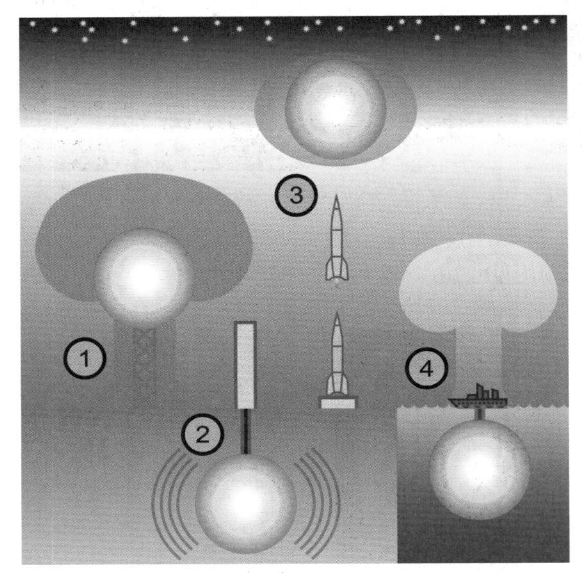

▲ 各种类型的核爆试验示意图：①大气层核试验；②地下核试验；③高空核试验；④水下核试验

高空核试验

高空核试验指爆炸高度在30千米以上的核试验，其中爆炸高度大于100千米时，称为外层空间核试验。它通过运载火箭将核装置送入预定高度。其目的在于研究高空核爆炸的各种效应，比如核辐射、电磁脉冲、X射线等对航天器的破坏；为研制反航天器的核弹头提供依据；研究高空核爆炸对无线电通信和雷达的影响。

地下核试验

地下核试验是将核装置放在竖井或平洞中进行的核试验。这种核试验受气象条件影响小，保密性高，而且对环境的放射性污染相对较小，但费时费力。按照爆炸深浅的不同，地下核试验可分为浅层地下核试验和深层地下核试验，前者会形成弹坑，并有大量放射性物质逸出，后者只有少量放射性物质逸出。

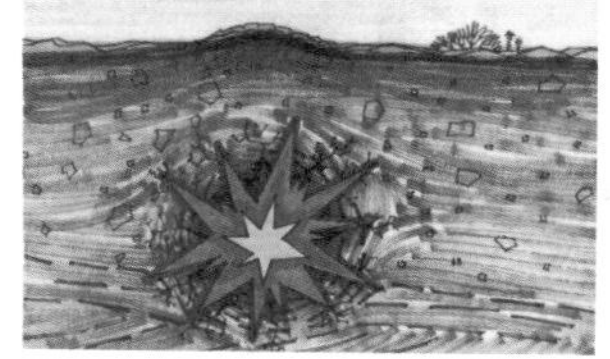
▲ 核变释放出的巨大的能量

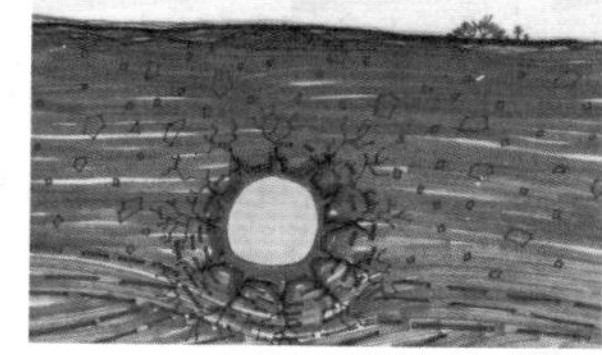
▲ 烧熔的岩石，凝固后开始塌陷

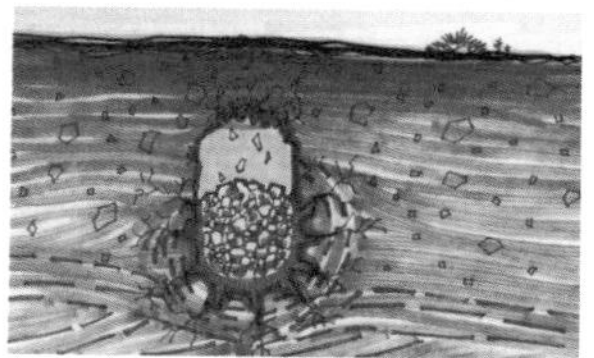
▲ 上面的岩石向下坍塌，形成碎石“竖井”

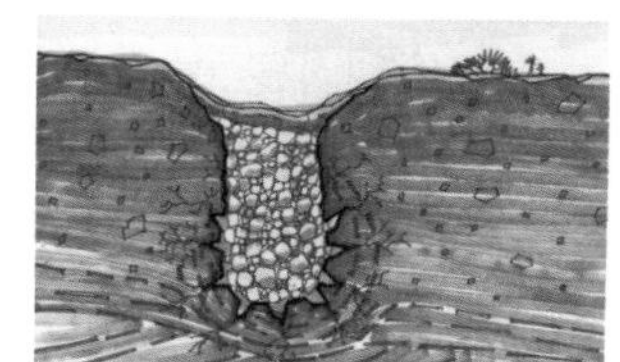
▲ “竖井”随着地面的扩大而扩展，形成一个弹坑

聚焦历史

2013 年 2 月 12 日上午 11 点，朝鲜进行了第三次地下核试验，当量在 6 000~7 000 吨。这一事件立刻引起国际社会的广泛关注，美国、日本、俄罗斯等国纷纷对朝鲜的这一行径表示强烈谴责。

水下核试验

水下核试验是在水下一定深度进行的核试验，分为浅水核试验和深水核试验。浅水核试验一般在水面以下几十米，爆炸产生的火球会冲出水面，形成高大的水柱和菜花形状的云团，目的在于研究核爆炸对水面舰船、海港等的影响；深水核试验在水下上百米深的地方进行，火球不会冲出水面，主要研究核爆炸对潜艇的破坏效果。

▲ 1946 年，美国的一颗名叫“贝克”的核弹在中太平洋马绍尔群岛比基尼环礁水下约 27 米的地方爆炸，试爆时在海面上激起了逾 2 米高的巨浪

其他核试验

根据目的不同，核试验还有以下分类：研制性试验，是在研制新型核武器时进行的核试验；效应试验，为了研究核爆炸对生物、建筑、军事装备等的杀伤破坏效应；验证性试验，用来检验批量生产的核武器的质量；储存试验，用来检查长期储存的核武器是否依然有效；安全试验，为避免意外事故引起核爆炸。

原子弹

原子弹是核武器之一，也被称为第一代核武器。它是利用重核裂变释放的巨大能量造成杀伤破坏作用，因此又被称为裂变弹。原子弹的威力一般在几百至几万吨TNT当量，比一般化学炸药爆炸释放的能量大得多。根据核装料的不同，原子弹可分为铀弹和钚弹，以铀235为核装料的称为铀弹，以钚239为核装料的称为钚弹。

铀浓缩方法

铀浓缩最初采用的是气体扩散法。它是利用热运动平衡时，不同质量的分子平均动能相同但速度不同的特性，让铀235和铀238组成的六氟化铀气体通过一个多孔隔膜。这样，质量小、速度快的含铀235的分子，会与质量大、速度慢的含铀238的分子分离，从而富集到隔膜的一侧。经过数千次这样的分离后，就可获得几乎纯净的铀235。

▲ 美国铀浓缩工厂内的气体离心机

▶ 气体离心机内部结构。图中深蓝为铀238，浅蓝为铀235

原子弹的结构

原子弹主要由核装料、核点火部件、中子反射层、炸药、引爆控制系统、弹壳等结构组成。核装料一般为铀235或钚239，核点火部件用来提供引发链式反应的中子，中子反射层是为了减少中子的漏失，炸药用来推动、压缩中子反射层和其他核部件，引爆控制系统用来适时引爆炸药，弹壳用来固定和组合各个部件。

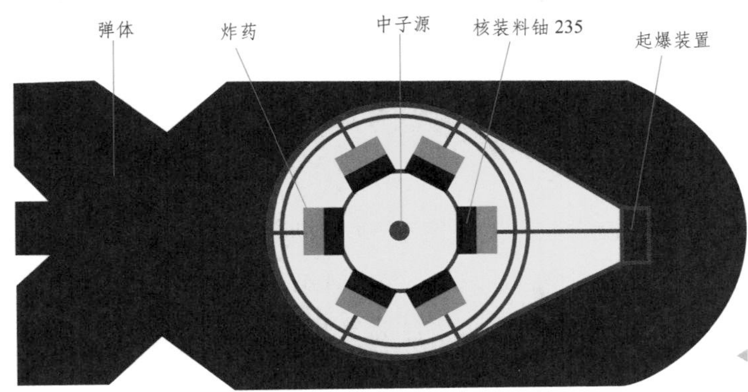

◀ 原子弹结构

临界质量

原子弹中的核装料必须超过一定质量，才会发生核爆炸，这个最小质量便是核爆炸的临界质量。核装料低于临界质量时，不会发生核爆炸。临界质量的大小取决于核装料的种类、结构密度、几何形状及有无中子反射层。核装料为球形时，临界质量最小。在有中子反射层的情况下，球形铀235的临界质量约为15千克，而钚239约为10千克。

见微知著 钚239

钚239是一种人造元素，是制造核武器的重要原料。钚239是铀235裂变产生的中子轰击铀238转化而来的。钚239的毒性非常大，生产成本非常高，要建造复杂的生产堆和后处理厂，才能实现工业化生产。

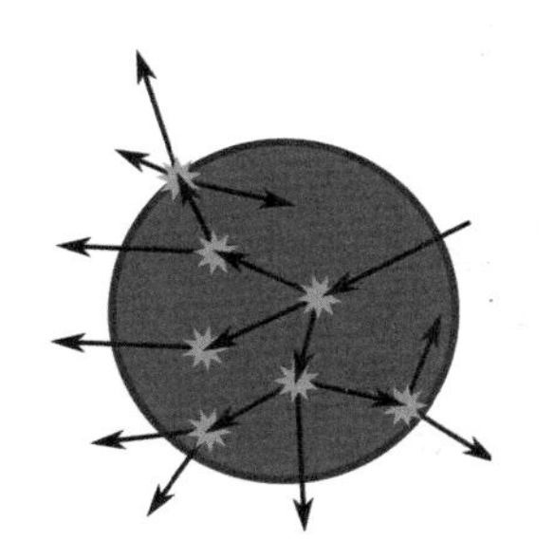

▲裂变材料质量太小，绝大多数中子逃逸了，不能维持链式反应

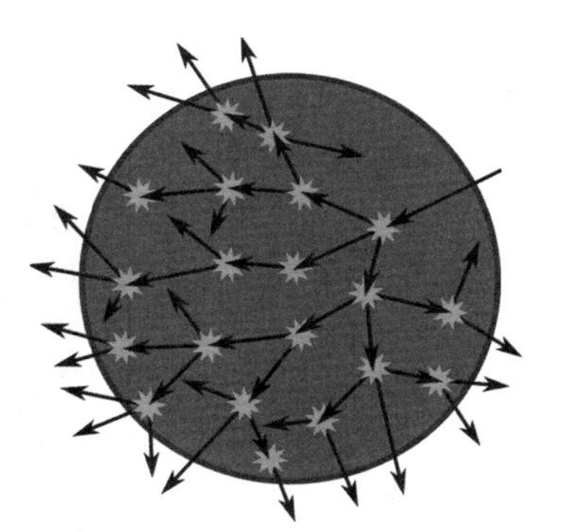

▲裂变材料质量达到或超过临界质量时，才能产生自持或发散的链式裂变反应

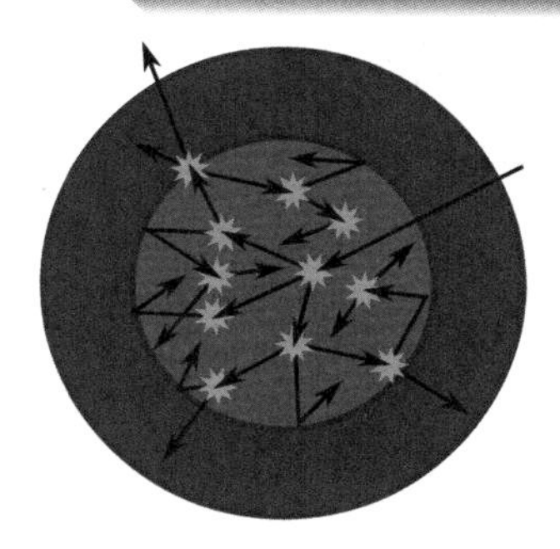

▲在球形的裂变材料周围加装中子反射器后，临界质量可以更少

引爆方式

原子弹的引爆方式主要有“枪式”和“内爆式”两种。“枪式”是利用炸药爆炸产生的推动力，将几块小于临界质量的核装料瞬间合在一起，使之超过临界质量后发生核爆炸；“内爆式”是利用高能化学炸药爆炸产生的冲击波，使低于临界质量的核装料迅速压缩到高于临界质量，从而引起核爆炸。

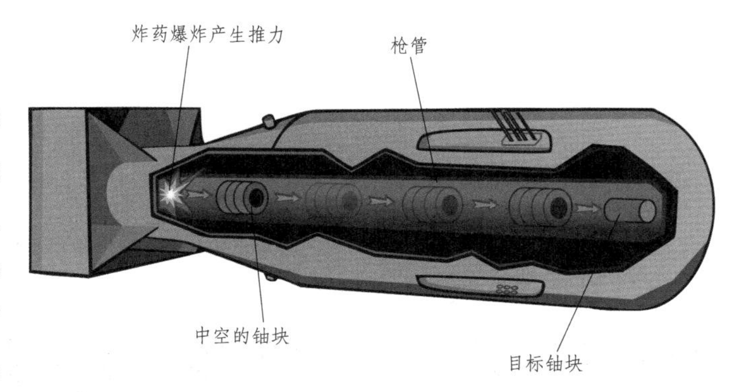

▲“小男孩”原子弹的引爆方式是“枪式”。它把一小块的铀透过枪管射向另一大块铀上，造成足够的质量，即而引发核爆

加强型原子弹

由于受到核装料的临界质量的限制，原子弹的爆炸威力不可能设计得很大。要想增加原子弹的威力，可以在原子弹中适当加入氘和氚。核装料的裂变产生的能量会点燃氘和氚，使之发生核聚变，聚变产生的中子又会使更多核装料发生裂变，从而增大原子弹的爆炸威力。这就是加强型原子弹，但不能称为氢弹，因为聚变产生的能量只是一小部分。

氢 弹

氢弹是核武器的一种，又被称为第二代核武器。它是利用氘、氚等轻原子的原子核发生核聚变(热核反应)，从而瞬间向外释放巨大的能量，因此又被称为聚变弹、热核弹。核聚变比核裂变发现得早，但氢弹却比原子弹出现得晚。氢弹的杀伤破坏因素与原子弹相同，但威力比原子弹大得多，可达几百万至几千万吨TNT当量。

氢弹的构型

世界上氢弹的结构类型只有两种，分别是美国的T-U构型和中国的于敏构型（也称于敏-邓稼先构型）。这两种构型的氢弹都是用原子弹作为引爆装置，不同点在于内部装置布局之间的差异。以T-U构型为例，它的外壳是铝制材料，顶端为中子发生器，也就是原子弹，中间为聚苯乙烯泡沫填充材料，后半部分是装有重氢或超重氢等轻原子核反应材料的装置。这个装置的外层是用钚239、铀238等制成的屏蔽层，中心是中空的铀235圆柱体，两者之间装的就是轻原子核反应材料。

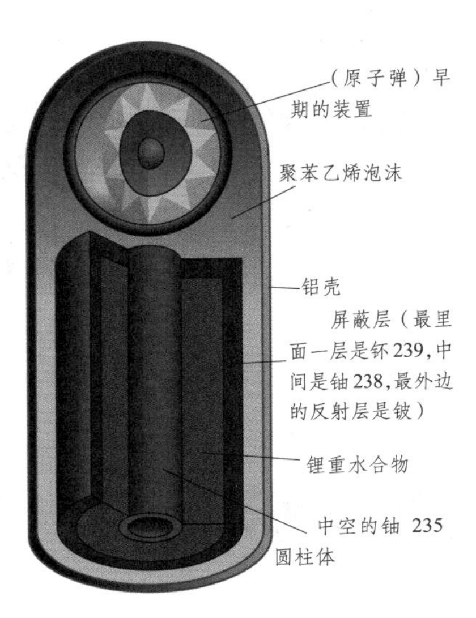

▲ T-U型氢弹结构示意图

第一次氢弹爆炸试验

原子弹爆炸成功后，美国的科学家们发现，原子弹爆炸提供的温度有可能引起轻核聚变，因此产生了研制氢弹的想法。1952年11月1日，美国在太平洋上进行了第一次氢弹爆炸试验。这颗氢弹长约6米，直径约1.8米，重达65吨，爆炸威力高达1 000万吨TNT当量。但由于太过笨重，飞机、导弹都无法运载，所以没有什么实用价值。1954年，科学家们用固态的氘化锂取代液态的氘氚作为热核装料，这才使氢弹的体积和重量大大减小。

▲ 1952年11月1日，美国在太平洋上进行的第一颗氢弹——“迈克”爆炸

最大的氢弹

世界上曾经出现并试爆过的最大氢弹，是苏联制造的一颗名叫“沙皇炸弹”的氢弹，这颗氢弹的爆炸威力为 5 000 万吨 TNT 当量。1961 年 10 月 30 日上午 11 点，苏联在北冰洋的新地岛上空试爆这颗氢弹。爆炸产生的火球直径达 4 600 米，升起的蘑菇云高达 60 千米，4 000 千米内的飞机、雷达等设备都受到不同程度的影响，苏联的整个通信失去联系长达一个多小时。这是人类进行过的最疯狂的一次核试验。

▲“沙皇炸弹”模型

寻根问底

为什么核聚变需要极高的温度？

要使原子核之间发生聚变，就必须使它们靠得非常近，而要克服原子核所带电荷之间的排斥力，就必须使他们具有足够的动能，所以必须把它们加热到几千万甚至几亿摄氏度。

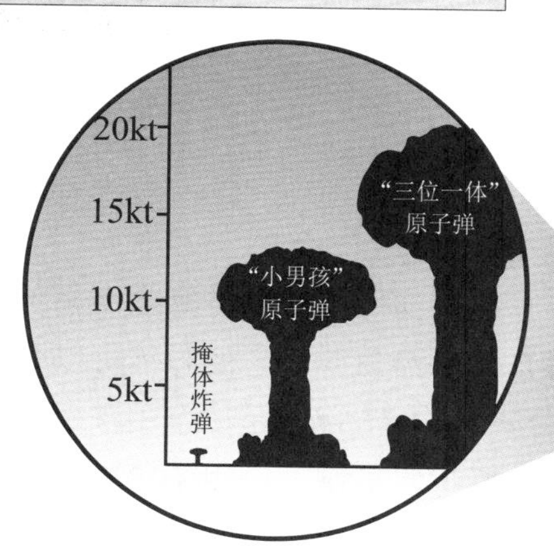

▲氢弹与其他核弹的爆炸威力比较

氢弹之父

世界上第一颗氢弹诞生于美国，是由爱德华·泰勒领导研制的。泰勒也因此被称为“氢弹之父”。泰勒 1908 年 1 月 15 日出生在匈牙利，1935 年逃亡美国，他参加过曼哈顿计划，是其中的主要研究人员之一。1949 年，苏联的第一颗原子弹爆炸成功后，泰勒敦促杜鲁门总统加快氢弹的研究，也因此被任命为研制氢弹的负责人。20 世纪 80 年代，泰勒向里根政府提出建立防御突发导弹袭击的“星球大战”计划，对美国的国防政策产生了深远的影响。

▲爱德华·泰勒

中子弹

中子弹属于第三代核武器，是以高能中子辐射为主要杀伤力、当量只有几千吨的超小型氢弹，其正式名称为强辐射武器。相对于原子弹和氢弹来说，中子弹以杀伤敌方人员为主，对建筑物的破坏较小，而且不会产生长期的放射性污染。它是在氢弹的基础上改进而来的，因此凡是有能力制造氢弹的国家，通常都有能力制造中子弹。

发展历史

20世纪50年代初，美国核物理学家塞姆·科恩最先提出中子弹的构想，并于50年代末着手进行研究。1977年，美国在内华达州成功试爆第一颗中子弹。吉米·卡特就任总统之后，美国正式将中子弹投入生产，直到1981年，美国已陆续将中子弹装载于飞机、导弹和炮弹上。除了美国之外，法国、苏联也曾公开承认拥有生产中子弹的能力。中国成功试爆第一颗氢弹后，也开始研究中子弹，并于1999年7月15日宣布拥有中子弹。

▲ 塞姆·科恩

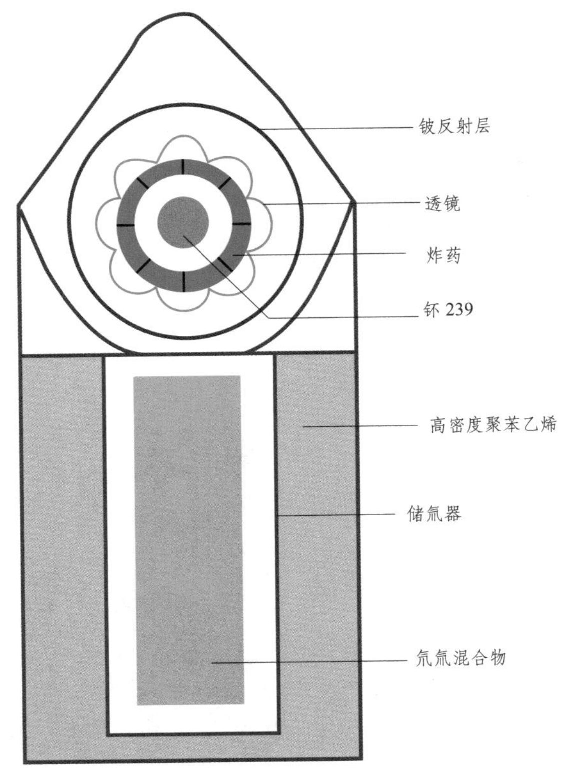

▲ 中子弹结构图

结构原理

中子弹实际上是一种靠微型原子弹引爆的超小型氢弹。它的弹体可以分为上、下两部分：上部分是一个用来引爆中子弹的微型原子弹，一般用钚239作核装料，因为钚239比铀235能释放出更多中子；下部分的中心是装有氘氚混合物的储氚器。中子弹没有一般氢弹具有的由铀238组成的外壳（能大量吸收核聚变产生的中子，从而产生大量的放射性污染物），因此储氚器中的核聚变产生的中子可以毫无阻碍地辐射出去。

独特之处

核武器都具有光辐射、冲击波、核辐射等杀伤力，但不同的核武器在这些因素中各有不同的偏重。与原子弹和氢弹相比，中子弹由于当量小，产生的光辐射和冲击波要小得多，而且爆炸产生的放射性污染很小，一般在几小时到一天内可以消失。但是，中子弹爆炸产生的早期核辐射强得多，其作用占到所有杀伤因素的 30%，而原子弹只占到 5%。正因为如此，中子弹作为战术核武器，受到世界核大国的重视。

▲ 中子弹摧毁建筑瞬间

杀伤效应

中子弹对建筑物的破坏作用有限，主要是对人员会造成致命的伤害。虽然中子弹还没有在实战中运用过，但根据爆炸试验，一颗当量为 1 000 吨的中子弹如果在 120 米高的空中爆炸，周围 2 千米内的人员即使不当场死亡，也会在接下来的一天至一个月里死于放射病。遭受中子辐射污染的人，起初会感到恶心，丧失活动能力，然后相继出现呕吐、腹泻、发烧等症状，严重者出现不同程度的休克，白血球下降，最后在几天内死去。

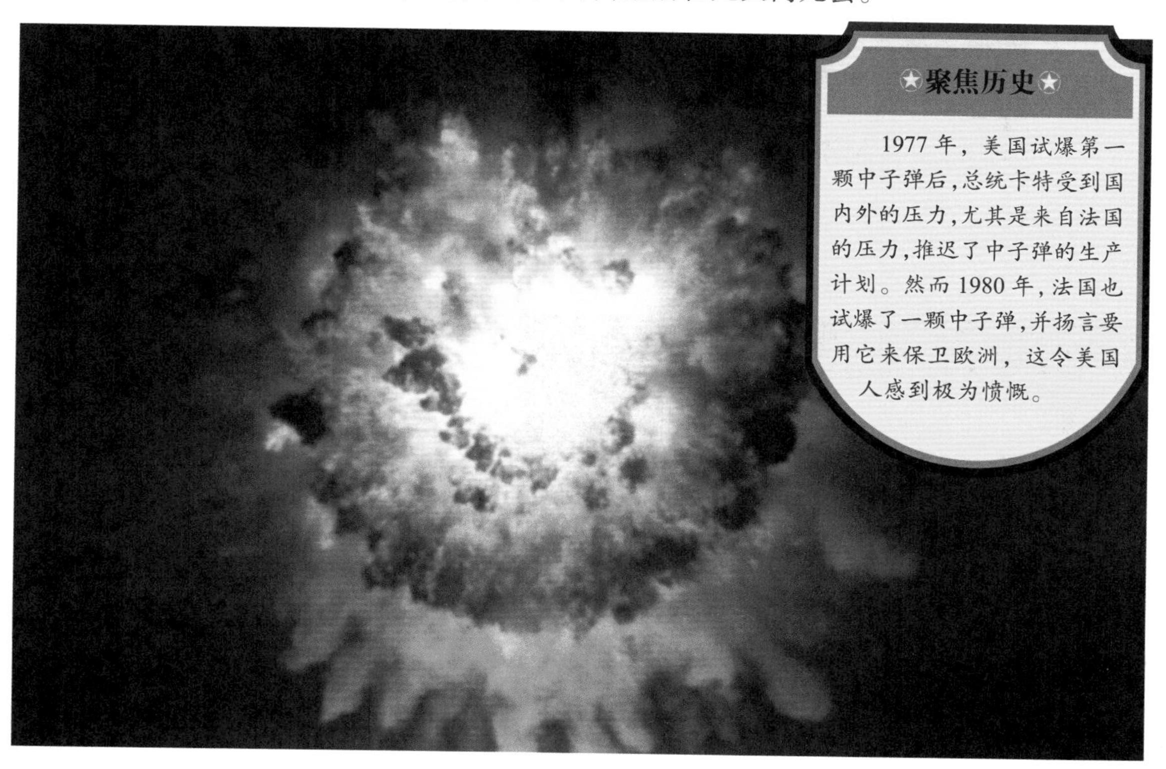

聚焦历史

1977 年，美国试爆第一颗中子弹后，总统卡特受到国内外的压力，尤其是来自法国的压力，推迟了中子弹的生产计划。然而 1980 年，法国也试爆了一颗中子弹，并扬言要用它来保卫欧洲，这令美国人感到极为愤慨。

▲ 中子弹爆炸

其他核弹

原子弹、氢弹、中子弹是大家耳熟能详的核武器，但除此之外，核武器家族中还有很多其他成员，比如三相弹、冲击波弹、核电磁脉冲弹、感生辐射弹、γ射线弹等。它们根据使用的需要，重点突出了某一杀伤破坏因素，减少或抑制了其他杀伤破坏因素。这些具有特定功能的核武器，是现代核武器发展的主要趋势。

三相弹

氢弹是靠核裂变产生的高温来引发核聚变，释放能量的过程为“裂变—聚变”两个阶段，因此氢弹又被称为双相弹。如果在氢弹的外面再包一层铀238外壳，里面的氢弹爆炸时，聚变产生的高能中子会使铀238发生裂变，其释放能量的过程为“裂变—聚变—裂变”三个阶段，这种核武器因此被称为三相弹。三相弹比普通氢弹的威力大好几倍。

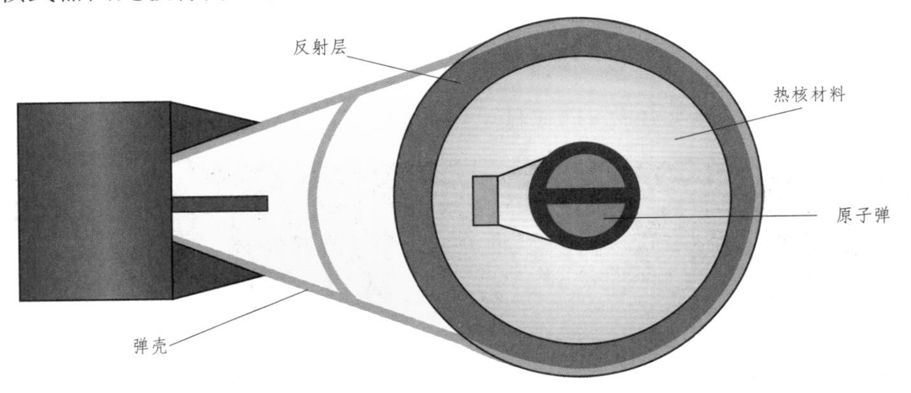

▲ 氢弹原理图

冲击波弹

与中子弹刚好相反，冲击波弹是一种增强冲击波效应、减弱核辐射和放射性污染的小型氢弹，当量一般在10~1 000吨。它以冲击波为主要杀伤力，一般用来摧毁敌方比较坚固的军事目标，如装甲部队、飞机跑道、港口、交通枢纽等。由于产生的核辐射和放射性污染较少，冲击波弹爆炸后，己方部队可立即进入爆炸区。

▲ 冲击波摧毁建筑瞬间

聚焦历史

1962年6月9日，美国在太平洋约翰斯顿岛上空500米处爆炸了一颗当量为140万吨的核电磁脉冲弹，导致1 280千米外的夏威夷瓦胡岛上出现大面积停电、电话中断、收音机不响以及各种电子仪器故障。

核电磁脉冲弹

核电磁脉冲弹简称EMP弹，它是利用爆炸产生的大量定向或不定向的核电磁脉冲，来破坏敌方的电子设备、通信系统等。相对于其他核武器来说，它爆炸产生的冲击波和核辐射大大减小，而产生的核电磁脉冲则大大增强。核电磁脉冲弹的破坏作用非常广，一颗100万吨当量的核电磁脉冲弹在400米高的空中爆炸时，破坏半径可达2 200千米。

▲ 美国内华达试验基地一处用来测量核弹爆炸产生的电磁脉冲装置

感生辐射弹

感生辐射弹是一种加强放射性污染的核武器，主要利用核反应产生的中子照射某些添加的核素，从而产生大量半衰期较长的放射性污染物，可以在一定时间和一定空间起到阻碍敌军的作用。制造感生辐射弹的方法是可以在普通核武器中加入钴59，这种元素在核反应产生的中子照射下，会变成具有放射性的钴60。

γ射线弹

γ射线弹是介于核武器和常规武器之间的一种武器，其工作原理是令某些放射性元素在极短时间内迅速衰变，从而释放大量的γ射线，但又不会产生核裂变或核聚变。相对于一般核武器来说，γ射线弹不需要用来引爆的炸药，储存起来比较安全，而且它没有爆炸效应，因此被视为悄无声息的杀手。另外，γ射线弹的杀伤范围比中子弹大得多。

▲ γ射线弹释放的γ射线的杀伤力比常规炸弹高数千倍

核武器装备系统

我们一般说到核武器时，仅仅指的是核弹，它是无法单独作为武器来使用的，这就相当于只有子弹没有枪。从广义上来讲，核武器除了包括核弹外，还包括投掷或发射工具，统称核武器装备系统。根据投掷或发射工具及作战使用范围的不同，核武器装备系统包括很多种，比如核航弹、核炮弹、核导弹、核地雷、钻地核弹等。

核航弹

核航弹是用战略轰炸机或战术轰炸机运到目标上空投掷的核武器。二战期间，美国在广岛和长崎投掷的两颗原子弹，便是最早的核航弹。现代核航弹一般都配有降落伞，以便减小下落速度和提高命中精度。MK－28 是美国早期研制的核航弹系列，它们的直径约为 0.5 米，长 2~5 米，重 770~1 052 千克，当量在几万至一百多万吨不等。

▲ 美国在日本广岛和长崎投放的“小男孩”和“胖子”原子弹，是最早使用的核航弹。图为“小男孩”原子弹

核炮弹

核炮弹是用火炮来发射的核武器，体积一般比较小，可以分为裂变型核炮弹和增强辐射型核炮弹（即中子弹）。裂变型核炮弹的威力一般在几百至 1 万吨 TNT 当量，通常用作战术核武器，用来打击敌方的机场、桥梁、部队集结地、集群坦克等目标。增强辐射型核炮弹的威力一般在 1 000~2 000 吨 TNT 当量，主要用来攻击敌方人员。

一颗由 280 毫米口径榴弹炮发射出去的核炮弹爆炸试验

核导弹

核导弹是指具有携带核弹头能力、并能完成远距离投送核弹的导弹，可分为战略核导弹和战术核导弹。战略核导弹以发射井、车载、机载等方式发射。战术核导弹可从战舰、潜艇、飞机等平台上发射。SS-18是苏联研制的第四代洲际核导弹，该型导弹长约36米，最大当量可达5 000万吨，作战距离达1.2万千米，误差率在500米之内。

▲ SS-18洲际核导弹

寻根问底

战术武器和战略武器有什么区别？

战术武器指具有一般杀伤力的武器，是针对具体战斗而言，主要用来消灭敌人的有生力量；战略武器的杀伤力大得多，可以对敌军造成毁灭性打击，通常用来恐吓敌军或摧毁敌方意志。

▲ 美国ADM战术核地雷约重180千克，按战术目的的不同，可以做到1~15千吨级的核爆炸

核地雷

核地雷是以核原料为装药的地雷，构造上与一般的地雷差别不大。它由核装药、起爆系统、保险装置、动作系统、电源组成，使用时可埋入一定深度的雷井内或水中，主要依靠独立的定时装置，通过无线电或导线操纵起爆。核地雷主要用来对付地面集群目标，尤其是装甲集群目标，通过爆炸造成的地形障碍和放射性污染来阻碍敌军。

▲ 美军背包式核地雷

钻地核弹

钻地核弹是能钻入地下爆炸的核武器装置，被称为“地下工事的克星”，一般可以钻入地下十几米至几十米，能破坏经过加固的指挥中心、导弹发射井等控制部门或军事设施。B61-11是美国的一种钻地核弹，弹体长约3.7米，直径约0.34米，重约545千克，当量为40万吨，装有提高命中精度的空气动力翼系统，在机载雷达的指挥下打击目标。

核潜艇

核能在军事上的应用，除了通过核弹来打击敌人外，还可作为动力来驱动船只，比如核动力潜艇、核动力巡洋舰、核动力航空母舰。核动力潜艇简称核潜艇，它是利用核反应堆作为动力源设计的潜艇，相对于常规潜艇具有很大的优势。目前全世界公开宣称拥有核潜艇的国家只有6个，分别是美国、俄罗斯、英国、法国、中国、印度。

构造和原理

核动力装置是核潜艇的心脏，主要包括一回路和二回路两个系统，其中一回路是最主要的。一回路包括核反应堆、循环泵、蒸汽发生器等装置和设备，其中核反应堆是最关键的设备。核反应堆中裂变反应产生的热量，会被循环泵提供的水带走，在蒸汽发生器中传导给二回路的水。二回路在热交换器中产生的蒸汽，可以通过驱动主汽轮机为核潜艇提供动力，同时驱动汽轮发电机发电，为核潜艇内提供工作和生活用电。

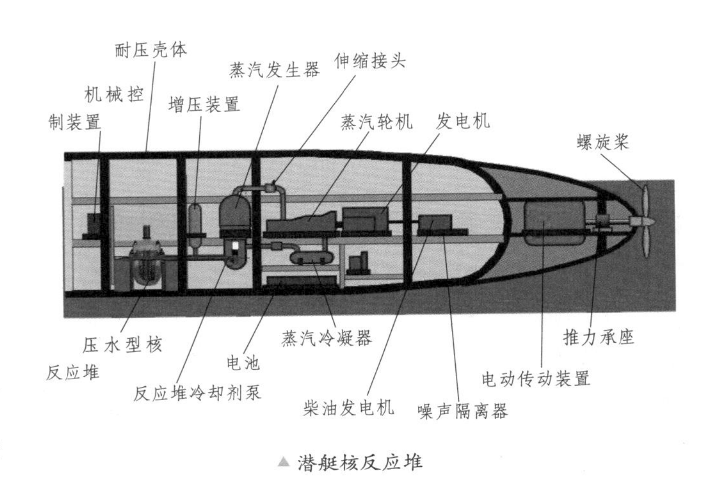

▲ 潜艇核反应堆

第一艘核潜艇

20世纪50年代，在海曼·里科弗的倡议和领导下，美国研制出世界上第一艘核潜艇——“鹦鹉螺”号核潜艇，里科弗因此被称为“核潜艇之父”。1954年1月24日，“鹦鹉螺”号首次试航，84小时潜航1 300千米，超过了以往任何一艘常规潜艇最大航程的10倍左右。“鹦鹉螺”号长90米，排水量2 800吨，最大航速可达46.3千米/时，最大潜深150米。从理论上讲，它能够以最大航速在水下连续航行50天而无需添加任何燃料。

▶ “鹦鹉螺”号核潜艇

美国“洛杉矶”级核潜艇

见微知著

续航力

续航力是指舰船或飞机一次装足燃料后，不再补充燃料而能航行或飞行的最长距离。不同航速下的续航力不同，以经济航速的续航力最大。核潜艇的续航力主要受艇内设备的持续工作时间以及食品、武器等储备的限制。

巨大的优势

相对于常规潜艇来说，核潜艇有着不可比拟的优势。常规潜艇的水下航速最大为15~20节（每小时航行1海里为1节，1海里等于1.852千米），而核潜艇的最大航速可达30节。常规潜艇必须以空气助燃，所以必须经常浮出水面或用吸气管补充空气，以致一次潜航距离只有100~300海里，而且容易暴露目标。核潜艇的续航力不受燃料的限制，如果以全速潜航，续航力可达几万海里，比常规潜艇要大得多。

核潜艇的分类

早期核潜艇以鱼雷作为武器，后来由于导弹的发展，出现了携带导弹的核潜艇。按照武器装备和执行任务的不同，核潜艇可分为两大类：一类是攻击型核潜艇，以近程导弹和鱼雷为主要武器，用于攻击敌军的水上舰船和水下潜艇，同时负责护航及各种侦察任务；另一类是弹道导弹核潜艇，以中远程弹道导弹为主要武器，由于具有高度的隐蔽性和机动性，不容易被敌军发现，因此常常用来进行战略转移，故又被称“战略核潜艇”。

▶ 美国“洛杉矶”级核动力攻击潜艇

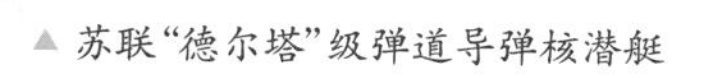

▲ 苏联“德尔塔”级弹道导弹核潜艇

核动力巡洋舰

巡洋舰是海军中比较古老的舰种，差不多和战舰一样同时产生和发展。早在 17—18 世纪，人们曾将快速帆船视为巡洋舰的鼻祖。以核能作为驱动力的巡洋舰，被称为核动力巡洋舰，它最大的特点是续航能力强，可以连续航行几年而无需补充燃料。世界上一共建造过 13 艘核动力巡洋舰，其中大部分是美国建造的。

什么是巡洋舰

◀常规动力导弹巡洋舰

巡洋舰是战舰的主力，主要承载导弹、舰炮和舰载直升机，是世界上仅次于航空母舰的大型战舰，主要在远洋活动，其排水量一般大于 7 000 吨。巡洋舰一般具有较高的航速和适航性，能在恶劣天气下进行长时间的远洋作战。早期的巡洋舰主要以火炮为武器，因此被称为火炮巡洋舰，但现在已经全部退出了历史舞台，取而代之的是导弹巡洋舰。导弹巡洋舰按动力驱动类型，可分为常规动力导弹巡洋舰和核动力导弹巡洋舰。

见微知著　适航性

适航性是指舰船在设计、结构、性能和状态等方面，能抵御航行中通常出现的或能合理预见的风险，此外还应能妥善配备船员、供应品，并使货舱、冷藏舱、冷气舱和其他载货场所能安全收受、载运和保管货物。

▼核动力导弹巡洋舰

第一艘核动力巡洋舰

“长滩”号核动力巡洋舰由美国伯利恒公司于1957年开工建造，1959年下水，1961年正式开始服役。它是世界上第一艘核动力巡洋舰，同时也是世界上第一艘核动力水面舰艇，对于核能驱动舰艇的研究具有十分重要的意义。“长滩”号核动力巡洋舰长约220米，宽约22米，吃水9米多深，排水量约为18 000吨，最快航速为30节。1972年，工程人员对“长滩”号核动力巡洋舰进行维修时，更换了新的核反应堆。

▲“长滩”号核动力巡洋舰

“弗吉尼亚”级核动力巡洋舰

“弗吉尼亚”级核动力巡洋舰一共有四艘，分别叫“弗吉尼亚”号、“得克萨斯”号、“密西西比”号、“阿肯色”号。它是美国建造的最后一级核动力巡洋舰，长约178米，宽约19米，吃水接近10米，排水量为8 000多吨。该级舰的主要任务是与美国的核航母一起组成强大的编队，在危机发生时迅速开赴指定海域，为航母编队提供远程防空、反潜和反舰保护，具有独立或协同其他舰艇作战的能力。

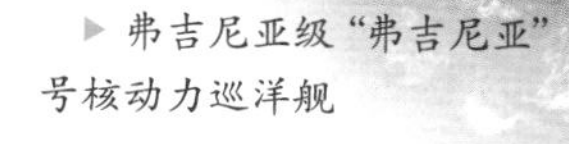

▶ 弗吉尼亚级“弗吉尼亚”号核动力巡洋舰

“基洛夫”级核动力巡洋舰

“基洛夫”级核动力巡洋舰是世界上最大的巡洋舰，其排水量超过25 000吨，比它更大的就只有航空母舰了。该级舰上装有400多枚导弹，因此有“海上武库”的称号。它是苏联在与美国进行军备竞赛时建造的，苏联解体后，为俄罗斯所有。“基洛夫”级核动力巡洋舰采用的是混合式动力系统，有2座核反应堆和4台蒸汽轮机，核反应堆无法正常工作的时候，蒸汽轮机可以独立工作，从而保证巡洋舰不丧失机动性。

▲“基洛夫”级核动力巡洋舰

核动力航空母舰

航空母舰简称"航母"，是一种以舰载机为主要作战武器的大型水面舰艇，可以提供舰载机的起飞和降落。按照动力装置的不同，航空母舰分为常规动力航空母舰和核动力航空母舰。自从第一艘核潜艇建造成功后，美国海军认识到核动力的优越性，于是开始着手研制核动力航空母舰，使航空母舰的发展进入一个新的时期。

"企业"号核动力航空母舰

"企业"号核动力航空母舰始建于1958年，1961年开始服役，是美国建造的第一艘核动力航空母舰。这艘航空母舰长约342米，宽约40米，标准排水量为75 700吨，最快航速为33节。它的驱动装置由8座核反应堆、4台蒸汽轮机组成，更换一次核燃料后可连续航行10年，而且可以高速驶入地球上的任何一片海域。

◀"企业"号核动力航空母舰

聚焦历史

1964年，美国海军将"企业"号核动力航空母舰、"长滩"号和"班布里奇"号核动力巡洋舰组合成一支混合舰队，用64天的时间，在没有进行任何燃料补给的情况下，以22节的航速环绕地球航行了一周。

优势明显

相对于常规动力航空母舰来说，核动力航空母舰具有明显的优势。在最高航速上，核航母与常规航母差不多，但在续航力上，前者比后者要强得多。核动力也使航母节省出大量空间和载重吨位，可以用来装载更多的航空燃油，同时大大改善舰员的居住和工作条件。另外，核动力也使航母对基地和后勤支援的依赖大大减少。

主要武器装备

同常规航空母舰一样，核动力航空母舰的主要武器装备也是上面装载的各种舰载机，包括战斗机、轰炸机、攻击机、侦察机、预警机、反潜机等。除了舰载机外，核航母上还装有火炮武器、导弹武器之类的防御武器。一支核航母战斗群，除了核航母这个核心外，通常还配有1~2艘导弹巡洋舰、2~3艘导弹驱逐舰、1~2艘护卫舰等。

▲ 企业级航母战斗群

▲ 尼米兹级核动力航空母舰

尼米兹级核动力航空母舰

继“企业”号核动力航空母舰之后，美国开始建造第二代核动力航空母舰，即尼米兹级核动力航空母舰。该级核航母共计建造10艘，从20世纪60年代开始设计建造，一直到21世纪初。该级核航母的首舰叫“尼米兹”号，于1975年建成，长约333米，宽约41米，标准排水量为72 916吨，添加一次核燃料后可连续航行13年。

“夏尔·戴高乐”号核动力航空母舰

除美国之外，世界上唯一拥有核动力航空母舰的只有法国。法国拥有的这艘核航母以法国著名政治家夏尔·戴高乐的名字命名，叫“夏尔·戴高乐”号，于1983年开工建造，2000年开始正式服役。这艘核航母长约262米，宽约32米，标准排水量为35 500吨，航速为27节，由2座核反应堆做动力装置，添加一次核燃料后可连续航行5年以上。

▼“夏尔·戴高乐”号核动力航空母舰

美苏核军备竞赛

所谓军备竞赛，指的是敌对国家或潜在敌对国家互为假想敌，各国为了应对未来可能发生的战争，竞相扩充军事装备，从而增强军事实力。二战结束后，美国和苏联展开了一场大规模的军备竞赛，双方都大力发展核武器，使世界几乎处于核战争的边缘。美苏核军备竞赛告诉我们，如果爆发核战争，没有任何一个参战国会是胜利者。

“导弹差距”

1957年，苏联发射第一颗人造卫星，震惊了全世界。美国感到自己受到了威胁，称苏联在远程导弹方面已超过美国，而且对美国本土构成直接的核威胁，这就是当时闹得沸沸扬扬的“导弹差距”。肯尼迪在竞选总统时，利用所谓的“导弹差距”，为自己赢得不少选票。就任总统后，他便大力发展洲际导弹，与苏联展开核军备竞赛。赫鲁晓夫也利用这一机会，尽力夸大苏联的核力量，使双方在核军备竞赛中越走越深。

▲ 1957年，苏联发射的人类第一颗人造卫星——“斯普特尼克”1号

◀ 1961年6月，美国总统约翰·肯尼迪与苏联领导人赫鲁晓夫在维也纳握手言欢，这次会晤并未使美苏之间的竞争关系有所改善

核力量对比

事实上在冷战时期，美国无论在核武器的数量、质量和运载能力上，都要超过苏联。据估计，1962年，美国拥有洲际导弹294枚，核武器27 387件，其中战略核弹头5 000枚，而苏联只有56枚洲际导弹，3 322件核武器，其中战略核弹头300枚。苏联在核武器的数量上虽不如美国，但单枚核武器的当量上却比美国大。另外，苏联的洲际导弹点火准备时间长，而且使用的是易爆的液体燃料，这相对于美国来说也处于劣势地位。

古巴导弹危机

在美国强大的军事力量的包围下，苏联领导人为了扭转劣势局面，摆脱导弹技术上存在的缺陷，决定将导弹部署在中美洲的古巴。这样一旦美苏战争爆发，就可大大提高对美国本土的打击力度。1962年5月，赫鲁晓夫正式做出了在古巴部署导弹的决定，使得美苏关系达到剑拔弩张的地步，使美苏核军备竞赛达到历史顶点。这一事件被称为“古巴导弹危机”。在这一事件中，整个世界滑到了核战争的边缘。

▲ 1962年10月14日，美国U–2侦察机拍到苏联在古巴部署导弹的照片

▲ 1962年10月18日，肯尼迪会见苏联外长，警告苏联在古巴部署攻击性核武器会带来的严重后果

▲ 1962年10月20日，肯尼迪签署“隔离”古巴的授权书

肯尼迪的反思

古巴导弹危机仅仅持续了13天，最终以双方的相互妥协而宣告结束。事实上，美国领导人高估了自己的核优势对苏联的威慑作用，后来他们认识到，即使用苏联1/4的核武器，也足以对美国造成毁灭性打击。危机结束后，肯尼迪颇有智慧地反思道：“少量核武器就极具破坏力的事实导致的恐惧心理，比起核武器的数量对比要重要得多。”后来，他与赫鲁晓夫努力缓和两国的紧张关系，使美苏关系逐渐变得相对缓和起来。

见微知著　冷战

二战结束后，美国和苏联两个超级大国为争夺世界霸权，协同各自的盟国一起，展开数十年的斗争。但双方都尽量避免大规模战争，对抗主要以军备竞赛、太空竞争等“冷”方式进行，因此被称为“冷战”。

各国现役核力量

从二战结束至今，全世界生产的核武器共有大约 128 000 件，其中以美国和俄罗斯最多。冷战结束后，各国意识到核武器给世界和平带来的巨大威胁，在不同程度上裁减了核武器数量。截至 2015 年，全世界已知拥有核武器的国家有美国、俄罗斯、英国、法国、中国、印度、巴基斯坦、以色列、朝鲜，核武器总量约为 15 850 件。

两个核武器大国

美国和俄罗斯是两个核武器大国，拥有的核武器总量占全球总量的 90%以上。美国拥有大约 7 260 件核武器，具有从海、陆、空发射核武器的能力。美国还是唯一一个将核武器部署到其他国家的国家，它通过北约核共享计划，在德国、意大利、比利时和土耳其等国都部署有核武器。俄罗斯是世界上核武器数量最多的国家，拥有大约 7 500 件核武器。与美国一样，俄罗斯也具备从海、陆、空发射核武器的能力。

▲ 目前美国有战略核潜艇 16 艘，搭载潜射弹道导弹 384 枚。图为美国的“俄亥俄”级弹道导弹核潜艇

▼ 俄罗斯的“台风”级核潜艇是目前世界上最大体积和吨位潜艇纪录保持者，它可以同时发射 2 发导弹，这是其他潜艇所不能比拟的

寻根问底

台湾研制过核武器吗？

台湾曾经两次研制核武器，其中 1988 年的一次接近成功。美国为了阻止台湾造出核武器，策划了张宪义叛逃事件，使台湾研制核武器的计划曝光，并强行拆除台湾的重水反应堆。

其他核武器国家

除了美俄，世界上公开拥有核武器的国家有英国、法国、中国、印度和巴基斯坦。这些国家的核武器数量不等，但都远远少于美俄。另外，以色列虽然从未公开宣称拥有核武器，但却是国际社会公认的拥有核武器的国家。朝鲜于 2006 年、2009 年、2013 年、2016 年和 2017 年共进行了 7 次核试验。但由于导弹技术不过关，朝鲜的核武器还不能投入实战。

▲ 英国拥有的 4 艘核潜艇中，共装备 16 枚美国生产的“三叉戟Ⅱ”(D−5)潜射弹道导弹，共携带 48 个核弹头

▲ “幻影 2000N”战斗机是法国现役空中核打击力量之一

放弃核武器的国家

20 世纪六七十年代，苏联在与美国进行核军备竞赛时，曾多次在今天的哈萨克斯坦、乌克兰、白俄罗斯等地进行核试验，因此在这里存留了一些核武器和核设施。苏联解体后，这些国家关闭了苏联曾经建立的核设施，而且向国际原子能机构公开承诺，将苏联存留的核武器退还俄罗斯，宣布为无核国家。另外，南非为了保持国家的独立性，曾经成功研制出核武器，但后来出于和平考虑，又放弃了拥有核武器。

“核门槛”国家

有些国家被称为“核门槛”国家，它们虽然没有核武器，但具有在短时间内制造出核武器的能力。比如日本和德国，这两个国家由于是二战的战败国，不允许拥有核武器，但它们的核技术都非常先进，要在短时间内制造出核武器易如反掌。还有一些国家拥有生产高浓缩铀的技术，具有生产核武器的潜力。曾任国际原子能机构总干事的穆罕默德·巴拉迪指出：“有 20~30 个国家拥有短期内制造出核武器的能力。”

▲ 日本虽没有核武器，但却拥有发达的核电技术。它拥有数量众多的核电站，其中的福岛核电站曾是世界上最大的核电站(2013 年已报废)

假如发生核战争

有这么一则轶事，有人曾经问大科学家爱因斯坦："如果发生第三次世界大战，各国会亮出什么先进武器？"爱因斯坦回答："我不知道第三次世界大战会用什么武器，但我知道第四次世界大战肯定是用石头和棍棒。"爱因斯坦这一番幽默的回答，虽然没有提到一个"核"字，却把核战争给人类带来的灾难说得入木三分。

什么是核战争

核战争是使用核武器的战争，其破坏性远比常规战争大得多。核战争一般包括核大战和有限核战争。核大战指拥有核武器的大国及其盟国之间，以战略核武器为主要作战武器的战争；有限核战争指在一定地区内，以战术核武器突击特定军事目标的战争。核战争可能由战略核武器的突击开始，也可能由常规战争升级而成。

▲ 核冬天假想图

一次研究

1983年初，卡尔·萨根同美国的四位科学家一起，研究了一场大规模的核战争将会对地球大气产生的影响。1983年10月31日，华盛顿召开了一次有关"核战争以后的世界"的讨论会，与会的有科学家、政府官员、环境问题专家等。卡尔·萨根等人宣讲了他们题为《核冬天：大量核爆炸的严重后果》的报告，引起了人们对核战争问题的关注。

气候受到影响

假如发生核战争，地球气候会受到巨大影响。核爆炸产生的大量黑烟会抛向空中，吸收射向地球的阳光后变热，从而产生一股上升的气流，将黑色烟尘和微粒推到30千米高的同温层，导致臭氧层遭到破坏。天空会被浓密的烟尘遮挡，以致阳光无法照射到地球上，地球上因此会变得一片灰暗，气温急剧下降，无法区分白天和黑夜。

见微知著　同温层

同温层又称平流层，在中纬度地区距离地表10~50千米，是地球大气层中上热下冷的一层，与位于其下的对流层刚好相反。同温层含有臭氧，能够吸收阳光中的紫外线，可使地球生物免于紫外线的伤害。

环境遭到破坏

核爆炸给地球带来的严寒，会使绿色植物被冻死，海洋和河流被冻结，地球生态环境会遭到严重破坏。另外，核爆炸会摧毁大量工业、运输和医疗设施，再加上农作物、食品出现短缺，大量人员会因饥饿和寒冷而死亡，还有很多人会在核辐射作用下，出现各种奇怪的疾病而渐渐死去。核战争给人类带来的灾难，绝对会是一场灭顶之灾。

▲ 核冬天来临，地球上一片荒芜

存在可能

美国在二战临近结束时，在日本投下两颗原子弹，造成了巨大的破坏和灾难。这不能不使人想到未来核战争出现的可能。一些学者研究认为，一些拥有核武器国家之间的对立，比如巴基斯坦与印度，中国、朝鲜、俄罗斯与美国等，都可能是未来核战争存在的根源。另外，恐怖组织一旦掌握核武器，也有可能引发未来的核战争。

防止核扩散

核武器自诞生以来，就注定了是一种危险的武器，也是一个敏感的政治话题。出于对世界和平的考虑，世界主要国家为了防止核扩散，曾拟定并签署了不少防止核扩散的条约，比如《不扩散核武器条约》《全面禁止核试验条约》等。不少著名的科学家也曾为和平利用原子能做出努力，但是，防止核扩散依然任重而道远。

《不扩散核武器条约》

1968 年 7 月 1 日，美国、苏联、英国等 59 个国家共同缔结签署了一项条约，即《不扩散核武器条约》。该条约的主要内容如下：有核国家不得向任何无核国家直接或间接转让核武器或核爆炸装置，不帮助无核国家制造核武器；无核国家保证不研制、不接受和不谋求获取核武器；停止核军备竞赛，推动核裁军。截至 2005 年，《不扩散核武器条约》的缔约国为 187 个，中国于 1992 年 3 月 9 日加入该条约。

▲ 2010 年《不扩散核武器条约》缔约国审议大会

《全面禁止核试验条约》

1954 年，印度领导人尼赫鲁在联合国大会上提出缔结一项禁止核试验的国际协议。但是直到 1994 年，日内瓦裁军谈判会议才正式启动全面禁止核试验条约的谈判。经过两年半的努力，1996 年 9 月 10 日，联合国大会通过了《全面禁止核试验条约》。该条约规定，缔约国承诺不进行任何核试验，而且要通过渐进的努力，在全球范围内裁减核武器，以求实现消除核武器的最终目标。但由于种种原因，这一条约至今还未生效。

桑戈委员会

1971年，一个由15个国家组成的小组，在瑞士教授克劳德·桑戈的主持下，成立了一个旨在防止核扩散的委员会，称为桑戈委员会。该委员会是一个非正式组织，联络点设在维也纳，每年5月和10月在维也纳举行两次会议。委员会的宗旨是加强国际间核出口控制的协调与合作，禁止转让钚等与开发核武器直接有关的物资设备，接受国际原子能机构的监督和检查。1997年10月16日，中国正式加入桑戈委员会。

▲ 原子弹变成人类自我毁灭的工具，许多曾经参与或关注过原子弹研究和制造的科学家们都表示一种深深的忏悔和自责。爱因斯坦也为自己在原子弹制造过程中担任的角色而后悔

寻根问底

《全面禁止核试验条约》为何还未生效？

该条约规定，条约自44个裁军谈判会议成员国全部交存批准书后第180天生效，但由于裁军谈判会议成员国中的印度等国还未签署该条约，所以该条约至今还未生效。

科学家们的努力

为了防止核武器给世界和平带来的巨大威胁，很多著名的科学家都曾做出过自己的努力。1950年2月，爱因斯坦发表电视演讲，公开反对美国制造氢弹；有“原子弹之母”之称的莉泽·迈特纳，曾多次拒绝美国政府向她发出的参与曼哈顿计划的邀请；1957年，海森堡同其他德国科学家一起，反对德国用核武器武装本国军队。像这样为防止核扩散和核战争努力的科学家还有玻尔、玻恩、约里奥·居里、汤川秀树等。

◀ 莉泽·迈特纳，奥地利-德国-瑞典原子物理学家，放射化学家。她确立了裂变的概念，逝世前，她一直在为争取和平利用核裂变而努力

▶ 海森堡，德国物理学家，量子力学的主要创始人。爱好和平，反对德国用核武器装备部队

国际原子能机构

国际原子能机构简称IAEA，是一个同联合国建立关系的政府间机构，主要促进世界各国在原子能领域进行科技合作。机构的总部设在奥地利的维也纳，现任总干事是日本的天野之弥，于2009年12月1日上任。国际原子能机构的成立，一方面是为了让世界各国和平利用核能，另一方面是为了防止核能被用于军事目的。

诞生过程

1954年12月，第九届联合国大会一致通过决议，要求成立一个致力于和平利用核能的国际机构。经过两年的筹备，1956年10月26日，来自世界82个国家的代表举行会议，通过了国际原子能机构规约。1957年7月29日，这一规约正式生效。同年10月，国际原子能机构召开首次全体会议，标志着国际原子能机构正式诞生了。

▲ 国际原子能机构徽标

▲ 位于维也纳的国际原子能机构总部大楼

宗旨和成员

国际原子能机构的宗旨是谋求加速扩大核能对全世界和平、健康和繁荣的贡献，确保由机构本身，或经机构请求，或在机构监督管制下，提供的援助不用于任何军事目的。国际原子能机构规定，任何国家只要经机构理事会推荐和大会批准，并交存对机构规约的接受书，即可成为该机构的成员国。截至2013年10月，机构拥有159个成员国。

组织结构

国际原子能机构的组织结构包括大会、理事会和秘书处。大会由全体成员国组成，每年召开一次。理事会由35个国家组成，每年举行四次会议。秘书处是执行机构，由总干事领导，下设政策制定办公室、行政管理司、核能和核安全司、技术援助及合作司、研究和同位素司、保障监督司。总干事由理事会任命，大会批准，任期为四年。

机构职能

国际原子能机构主要有以下几大职能：①向成员国提供技术上的援助，帮助其开展和平利用核能的研究和应用；②监督国际上与核能有关的技术研究，确保这些研究不用于任何军事目的；③组织研究和制定有关核能利用的安全条例；④与有关成员国或专门国际机构签订科学研究合同；⑤组织和建立关于核能的资料交流。

▲ 2011年日本福岛第一核电站发生核泄漏事故后，国际原子能机构人员在事故现场进行环境检测

聚焦历史

2008年10月4日，国际原子能机构在维也纳召开第52届大会，呼吁在中东地区建立无核区。进行表决时，与会成员国中有82个国家投了赞成票，表示支持这个决议，但以色列、美国等13个国家投了弃权票。

主要活动

国际原子能机构成立以来，在促进核知识和核技术的传播、加强核安全的国际合作等方面，都做了大量工作。比如，机构先后制定了一系列与核安全、辐射安全、核废料管理等有关的国际公约。1997年5月，国际原子能机构通过了保障监督附加协定书，扩大了机构的监督能力和范围，使得机构可以探查无核国家的秘密核设施和核活动。

▲ 2008年10月，在瑞士日内瓦召开的国际原子能会议

核电站

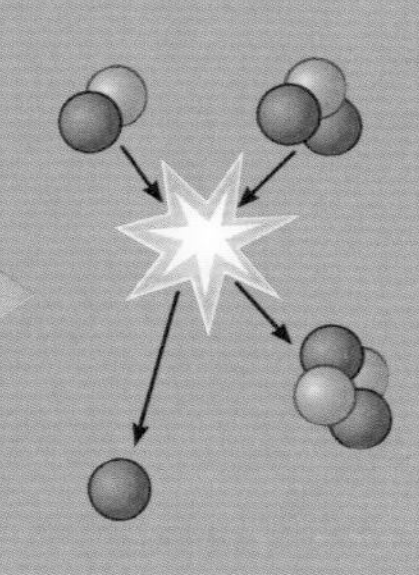

随着经济的增长，能源问题在当今世界日渐凸显。没有了能源，汽车将不再前行，工厂将不再运转，电灯将不再发光……意识到这些问题的严重些，科学家们想到了开发核能，因为原子核里蕴藏着巨大的能量。核电站的建立是人类和平利用核能的显著成果。自从20世纪50年代建立第一个核电站以来，半个多世纪过去了，核电站在世界各国获得突飞猛进的发展，为人们提供了大量的能源，虽然中途经历过不少挫折，但它的发展前景是广阔的。

为什么要建核电站

我们每天都会用到的电，是从发电站生产出来后，经输电线路运输过来的。专门发电的地方称为发电站，它负责将自然界中蕴藏的其他能源转化成电能，供千家万户照明和使用。靠水力发电的称为水电站，靠煤、石油、天然气发电的称为火电站。既然已经存在这么多类型的发电站，为什么人类还要煞费苦心地建造核电站呢？

能源短缺

随着世界人口和经济的增长，人类对能源的需求也在逐渐增长。水能、煤炭、石油、天然气等传统能源的储量是有限的，按照目前的消耗速度，再过几十年到几百年，这些能源就会消耗殆尽。到时候用什么来驱动汽车、火车、轮船，用什么来维持人们的生活，这是今天的人们不得不担心的问题。核能作为一个巨大的能源宝库，自然成为人类摆脱能源短缺的重要出路。核电站便是在这样的时代背景下诞生的。

▲ 石油作为液体黄金备受人们关注，但作为不可再生的资源，它终究会有资源枯竭的一天

▲ 煤炭在整个蒸汽机时代是主要的能源

聚焦历史

1954年，苏联在库尔恰托夫的主持下，建造了世界上第一座核电站——奥布灵斯克核电站，发电量为5000千瓦。这座核电站从方案设计到实际竣工只用了三年时间。它的建成是人类和平利用原子能的成功典范。

▼ 核能总体上来说是一种比较清洁、能量密度大的能源

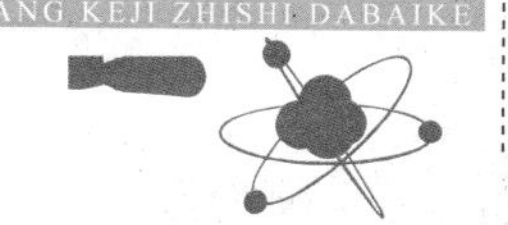

核电清洁

人类之所以要建核电站，还有一个非常重要的原因，那就是环境问题。世界上的很多国家，比如中国，都是以火力发电为主的，这是造成环境污染的一个重要原因。化石燃料的燃烧会产生大量的烟尘、二氧化碳、二氧化硫、氮氧化物等，这些气体排到大气中后，会污染空气，造成温室效应，形成酸雨，破坏生态环境。核电站在发电的过程中，不会排放这些有害气体和物质，因此可以大大改善环境，保护人类赖以生存的家园。

▲ 煤炭曾使我们的工业文明跨入一个崭新的时代，但同时也给我们的环境带来不可弥补的伤害

核电安全

提到核电站，你或许会想到核武器，难免会问：核电站会像核武器一样爆炸吗？不必担心，核电站绝不会像核武器一样爆炸。虽然核电站和核武器都用铀 235 作原料，但核电站中铀 235 的浓度只有大约 3%，而核武器中铀 235 的浓度在 90%以上，而且核武器要爆炸还有非常苛刻的条件，这些条件在核电站中是不具备的。另外，针对核电站可能产生的核辐射问题，科学家们在设计核电站时，都尽可能地采取了严格的保护措施。

经济效益好

同火电站一样，核电站的发电成本也由基建费、运行费和燃料费三部分组成。就运行费而言，两者差不多；就基建费而言，核电站由于系统复杂和出于安全考虑，成本比火电站要高；但就燃料费而言，核电站的成本比火电站低得多。以发同样多的电来看，核电站或许只要一卡车的燃料，而火电站却要好几十辆火车的燃料，不仅燃料成本高，运输成本也高得多。因此从长远考虑，核电站的发电成本低于火电站。

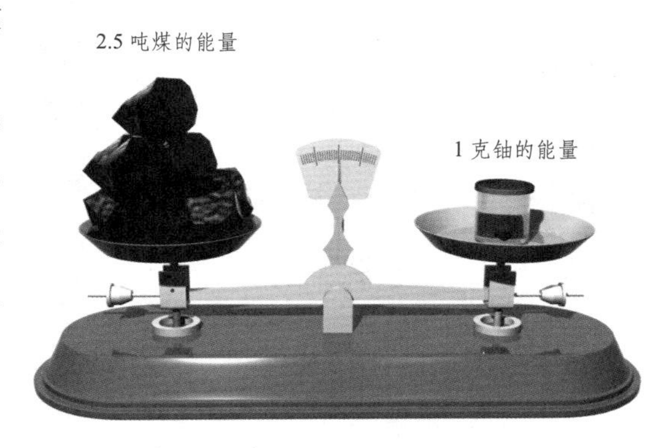

▲ 1 克铀 235 相当于 2.5 吨标准煤的能量

核电站的组成结构

核电站一般分为两部分：一部分是通过核裂变产生蒸汽的核岛，主要包括反应堆和一回路系统，另外还有一些支持一回路系统正常运行和保证反应堆安全而设置的辅助结构；另一部分是利用蒸汽来发电的常规岛，主要包括汽轮发电机系统和二回路系统。核电站的常规岛与火电站相似，只是汽轮发电机的体积要大些。

反应堆

反应堆是核电站的核心部分，也是核电站区别于其他发电站的地方。反应堆以铀235或钚239为核燃料，来实现可控的核裂变链式反应，组成结构包括堆芯、反射层、控制棒、压力容器、屏蔽层等。按照用途、中子能量、结构、冷却剂等的不同，核电站的反应堆包括压水堆、沸水堆、重水堆、石墨气冷堆、快堆等堆型。

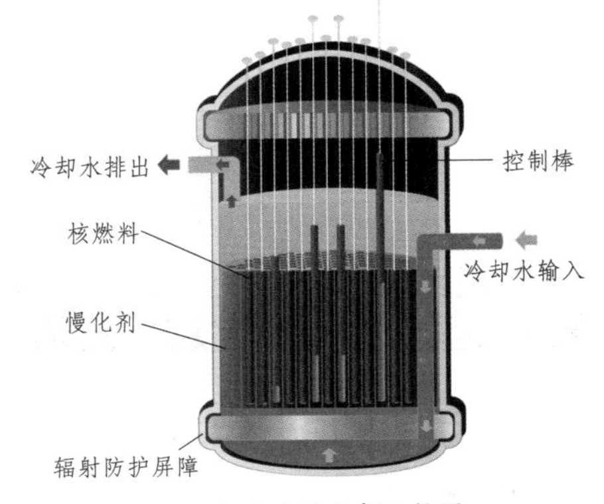

▲ 反应堆内部结构图

安全壳

安全壳是防止放射性物质外泄的最后一道屏障，是一个由钢筋混凝土构筑的密封性容器，壁厚约1米，内壁加有厚约6毫米的钢衬。一回路系统中的设备都安装在安全壳内。

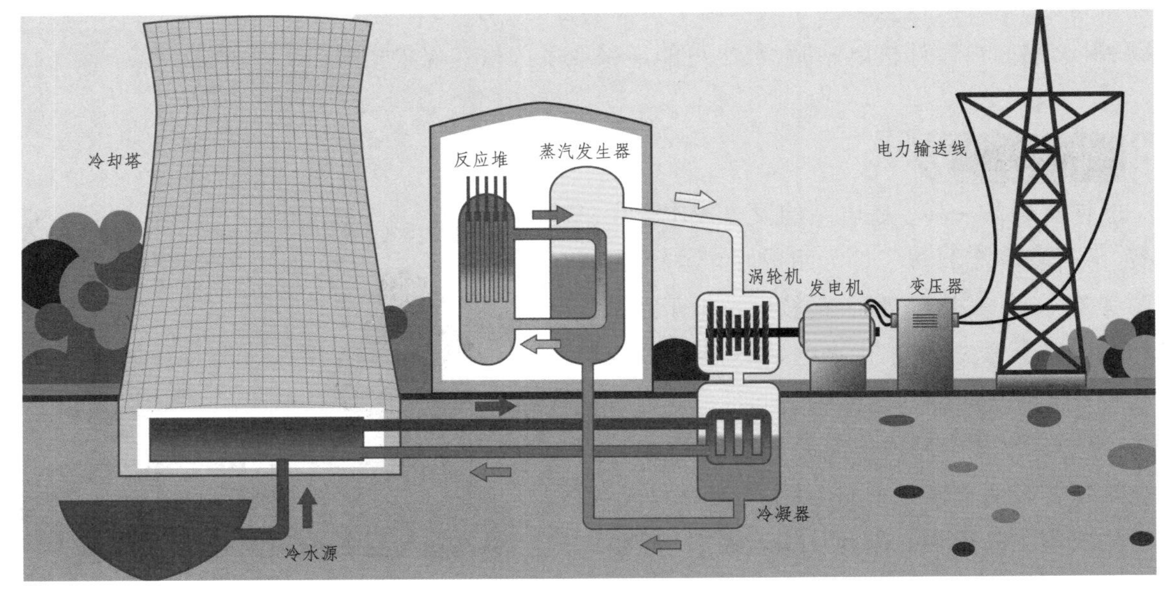

▲ 核电站组成结构

蒸汽发生器

蒸汽发生器是一回路系统和二回路系统的分界，它的主要作用是把通过反应堆的冷却剂的热量传递给二回路系统中的水，使之产生蒸汽来驱动汽轮发电机发电。蒸汽发生器按照结构的不同，可以分为三大类，即卧式U形管蒸汽发生器、立式直管蒸汽发生器、立式U形管蒸汽发生器。

▲ 立式U形管蒸汽发生器

为什么核电站的汽轮发电机体积比火电站大？

核电站产生的蒸汽的压力、温度低于火电站，因此要得到相同的发电功率，核电站必须比火电站具有更大的蒸汽流量，相应地也要具有体积更大的汽轮发电机。

▲ 冷却剂主泵

主泵和稳压器

如果把冷却剂比作血液，那么主泵就是心脏，它的功能是将冷却剂送入反应堆，及时带走核裂变产生的热量。稳压器是用来控制一回路系统中压力的设备，系统发生故障时，它可以提供超压保护。稳压器内设有喷淋装置和加热器，当系统内压力太大时，喷淋装置会通过洒水来降压，当系统内压力太小时，加热器会通过电加热水产生水蒸气来增加压力。

危急冷却系统

同安全壳一样，危急冷却系统也是出于安全考虑而设置的一种结构，是为了应对一回路系统中主管道破裂造成的极端失水事故。它位于安全壳内，由安全注水系统和安全壳喷淋系统组成。一旦接收到极端失水事故的信号，安全注水系统会向反应堆注入高压含硼水，安全壳喷淋系统会喷射水和化学药剂，从而阻止事故的蔓延。

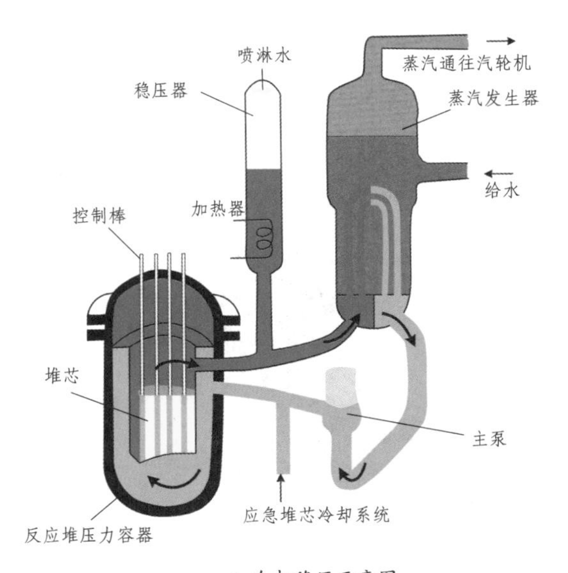

▲ 冷却稳压示意图

压水堆核电站

不同类型的核电站，是以反应堆的不同来区分的。压水堆是目前技术最成熟、应用最广泛的一个堆型，它因为使用高压水作慢化剂和冷却剂而得名。相对于其他堆型的核电站来说，压水堆核电站具有众多优势，比如功率密度高、安全易控制、造价和发电成本低等。下面我们通过压水堆核电站，来说说核电站工作的基本原理。

两个循环

压水堆中的冷却剂处在120~160个大气压下，即使温度达到300℃也不会汽化。冷却剂被主泵送入反应堆后，会吸收核反应产生的热量，然后进入蒸汽发生器，将热量传递给二回路系统中的水。冷却剂经过蒸汽发生器后，会再被主泵送入反应堆中，这样反复循环。蒸汽发生器出来的蒸汽，会驱动汽轮发电机发电，凝结在冷凝器中的水会被凝结给水泵送入加热器，重新加热后再送入蒸汽发生器，完成二回路系统的循环。

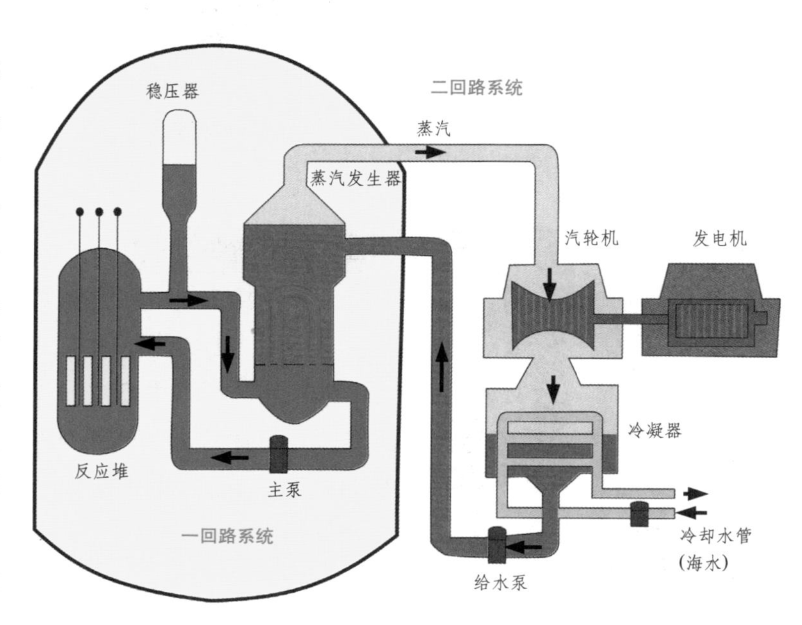

▲ 压水堆工作示意图

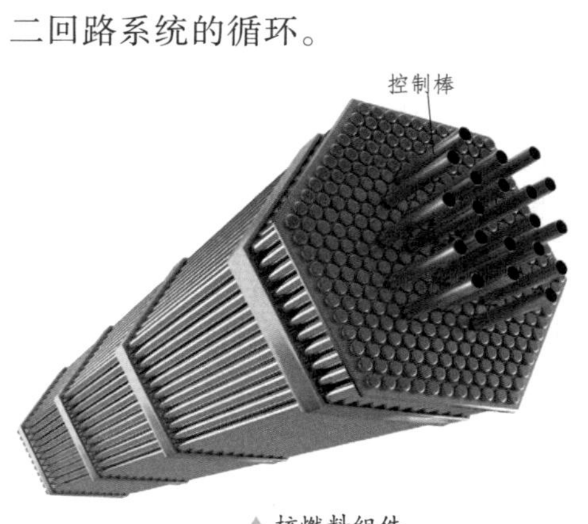

▲ 核燃料组件

堆芯

核电站的反应堆由压力容器和堆芯两部分组成。压力容器是一个密封的、又厚又重的大钢壳，所用钢材具有耐高温、耐高压、耐腐蚀的特点。堆芯装在压力容器内，是由数百根燃料元件固定排列起来的燃料组件。燃料元件是两端密封、长约4米、直径约10毫米的锆合金包壳管，里面装满了燃料芯块。燃料芯块是反应堆中核燃料的基本单元，它由二氧化铀烧结而成，含约3%的铀235，一般呈圆柱形，直径约为9.3毫米。

如何控制

如何控制反应堆中的核反应呢？这是靠一种叫控制棒的部件来完成的。控制棒的粗细与燃料元件差不多，由银铟镉材料制作而成，具有吸收反应堆中的中子的功能，其外面套有不锈钢做的包壳。在压力容器的顶部，设有控制棒驱动机构，可以驱动控制棒在堆芯中上下移动。如果反应堆出现了故障，要想立即停止核反应，只要通过控制棒驱动结构，把足够多的控制棒插入堆芯，阻止链式反应继续进行，反应堆就会很快停止工作。

▲ 核电站控制室

汽轮发电机发电

汽轮发电机是由汽轮机来驱动发电机发电的机器。蒸汽进入汽轮机后会膨胀做功，使汽轮机的叶片转动起来，从而带动发电机转动。发电机一般由定子、转子、轴承及端盖等部件组成。轴承及端盖连接着定子和转子，使转子能在定子中旋转，做切割磁感线的运动，从而产生感应电动势。汽轮发电机的转速一般为 3 000 转/分或 3 600 转/分，为了减少离心力造成的损耗，转子的直径一般比较小，长度比较大。

见微知著　慢化剂

反应堆发生核反应产生的中子，只有运动速度适当慢下来，才能更好地维持裂变链式反应。慢化剂正是用来减慢中子运动速度的物质，一般可以作慢化剂的有重水、轻水（纯度很高的普通水）、石墨等。

▲ 汽轮发电机

其他堆型

除了压水堆之外，核电站的反应堆还有沸水堆、重水堆、石墨气冷堆、快中子堆等类型，它们主要以慢化剂、冷却剂、核燃料的不同来区分。这些堆型是科学家们在开发核电的历史上，一步一步研究和总结出来的，每一种堆型从铀资源的利用率、技术难度、建造成本等方面来讲，都有各自的优点和缺点。

沸水堆

沸水堆是用沸水来冷却核燃料的一种反应堆。它同压水堆一样，同属于轻水堆，即用普通水作慢化剂和冷却剂。不同的是，沸水堆没有蒸汽发生器，所以只有一个回路，但有分离蒸汽和水滴的汽水分离器。汽水分离器安装在堆芯顶部，所以沸水堆的控制棒是从堆芯底部插入堆芯的，不能在控制动力源丧失后靠重力自动插入，因此控制棒驱动机构需要设计得非常可靠。建于 20 世纪 70 年代的福岛核电站，便是一座沸水堆核电站。

▲ 2008 年拍摄的日本福岛核电站

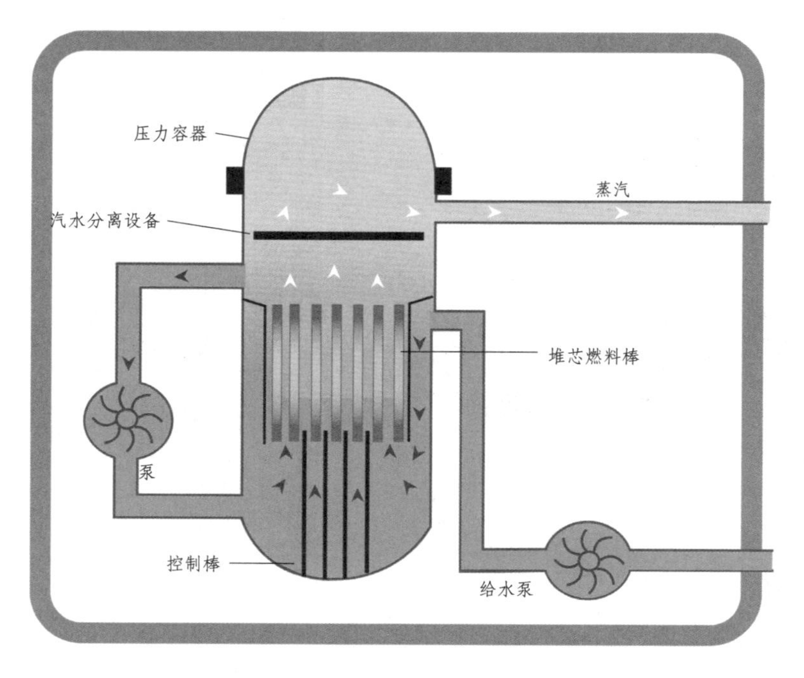

▲ 沸水堆原理示意图

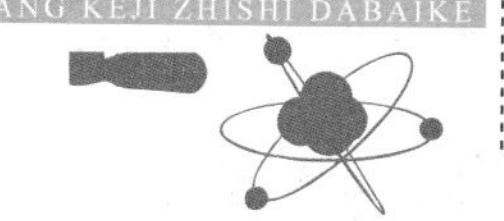

重水堆

重水堆是用重水作慢化剂的一种反应堆，不过冷却剂既可用重水也可用轻水，一般分为压力容器式和压力管式两类。重水堆可以直接以天然铀作核燃料，相对于轻水堆来说，它的造价要贵一些，但对铀的利用率要高一些。重水堆可以在不停止核反应的情况下，实现核燃料的更换。它的两端各有一台遥控操作的换料机，需要更换核燃料时，一台换料机处于装料位置，另一台则处于卸料位置，整个操作由电子计算机来完成。

见微知著　重水

重水是一种由氘和氧组成的化合物，分子由两个氘原子和一个氧原子组成，相对分子质量比普通水略高，所以叫重水。重水在自然界中的含量很少，它不能使种子发芽，被人或动物喝了之后会引起死亡。

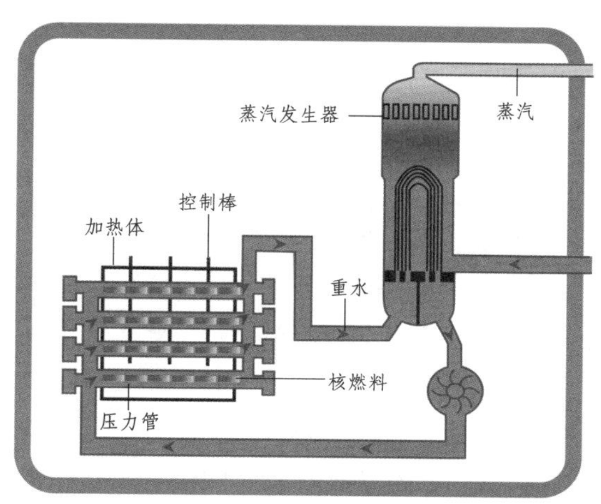

▲ 压力管式重水堆原理示意图

石墨气冷堆

石墨气冷堆是以石墨作慢化剂、气体作冷却剂的一种反应堆，包括天然铀石墨气冷堆、改进型气冷堆和高温气冷堆三种类型。天然铀石墨气冷堆以石墨作慢化剂，以二氧化碳作冷却剂，以天然铀作核燃料，但功率密度比较低。改进型气冷堆也以石墨作慢化剂和二氧化碳作冷却剂，但以低浓度铀作核燃料。高温气冷堆以石墨作慢化剂，以氦气作冷却剂，冷却剂出口温度高达700℃，相对于前两者有众多优点，但建造技术比较复杂。

快中子堆

快中子堆简称“快堆”，是第四代先进核能系统的首选堆型。它一般以液态金属钠作冷却剂，以钚239作核燃料，不用慢化剂。钚239发生核裂变后，产生的快中子会轰击周围的铀238，使铀238转变成钚239，再次成为核燃料。快堆使铀资源的利用率提高到了60%以上，远远超过其他堆型，解决了铀235相对贫乏、铀238相对丰富的问题。在没有钚239的情况下，快堆也可用含铀15%~20%的浓缩铀作核燃料。

▲ 美国的EBR－Ⅱ实验增殖快堆

研究中的聚变堆

核聚变比核裂变释放的能量大得多，而且其原料氘在自然界中极为丰富，核聚变还不会产生长期的放射性污染。因此，如果能够实现对聚变能的利用，那将从根本上解决人类面临的能源问题。但是，由于核聚变产生的条件极为苛刻，而且难以控制，目前利用核聚变发电还存在一些技术性难题，不过世界各国正在积极研究。

研究中的难点

要想使氘氚混合气体发生核聚变，首先必须将其加热到大约 10 万摄氏度，使其处于等离子态，即核外电子脱离原子核的束缚，原子核能够赤裸地自由运动。另外，赤裸的氘氚原子核要碰撞在一起，就必须克服彼此间的库仑力，也就必须具有极大的速度，这就要将它们加热到上亿摄氏度，而且还要能持续。如何提供这样高的温度，又用什么来容纳这么高温度的反应体，这是目前研究聚变堆中的关键性技术难题。

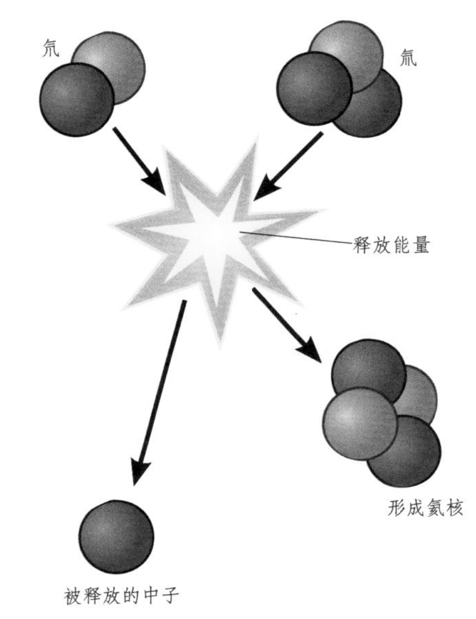

▲ 氘氚核聚变

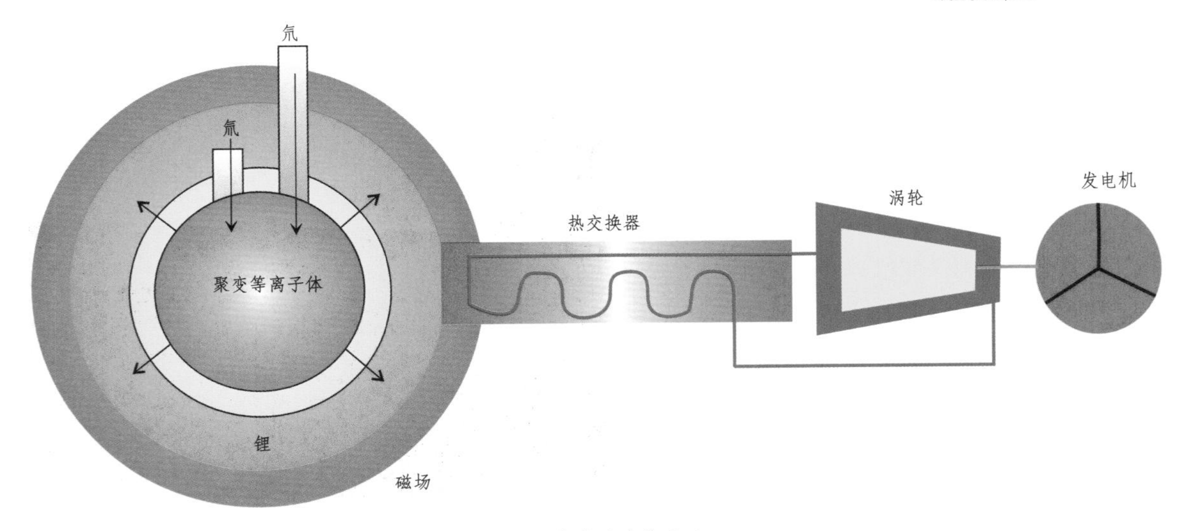

▲ 聚变反应堆原理

托卡马克装置

20世纪50年代，苏联库尔恰托夫原子能研究所的科学家们想到，可以通过足够强的环形磁场，来约束温度高达上亿摄氏度的原子核反应体。这种试图利用磁场约束来实现受控核聚变的装置，称为托卡马克装置。半个多世纪过去了，世界各国纷纷建了很多大小不一的托卡马克装置，在实验室里已经成功实现了核聚变。但是根据现有的技术水平，要使聚变能真正进入商业化生产和应用，则还有很长的路要走。

▲ 美国的托卡马克装置

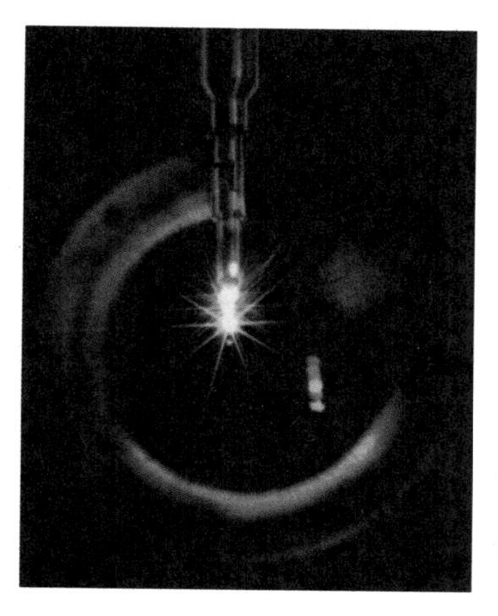

▲ 激光惯性约束聚变试验。激光惯性约束核聚变，是依靠极强能量的激光束，均匀照射氘和氚的小球，使其产生极高能量向外喷射的等离子体，使其聚变

惯性约束核聚变

另一种约束高温原子核反应体的设想是将氘氚等离子体装在直径几毫米的小球内，形成一颗靶丸，然后用激光器从外面对靶丸进行照射。氘氚等离子体由于自身惯性，还没来得及飞散的短时间内，会被压缩到温度极高、密度极高的状态，从而发生核聚变。这一设想虽然已经得到证实，但是要产生持续的核聚变，激光器每秒必须发射三四次甚至更多，而且要能够持续，目前的激光技术还远远无法满足这一要求。

聚焦历史

2003年2月19日，ITER计划的参与成员决定，于2013年前建成世界第一个热核聚变实验堆。日本曾就地点的选择与法国展开有力竞争。但日本后来放弃了，条件是建成的实验堆项目总部为日本提供20%的工作岗位。

国际热核聚变实验堆计划

国际热核聚变实验堆计划简称“ITER计划”，是为了研究聚变堆，由多国合作展开的一项国际性的、大规模的科研计划。这项计划由苏联领导人戈尔巴乔夫和美国总统里根于1985年共同倡议提出，目前参与成员有欧盟、美国、日本、俄罗斯、中国、印度、韩国，包括了全世界主要的核国家。欧盟承担了计划总费用的40%，其他成员各承担了10%，计划建造的热核聚变实验堆位于法国卡达拉舍。

▲ 1985年日内瓦峰会上的里根和戈尔巴乔夫

世界核电现状

核电从诞生至今，已经走过了60多个春秋。在这60多年里，世界核电规模已经得到了很大的扩展，核电站的建造技术也得到了很大提高。虽然相对于传统的水力发电、火力发电来说，核电占有的比例还不算太高，但由于其具有的独特优势，相信在今后的日子里，核电会占有越来越重的分量，越来越成为人们生活的一部分。

发展历程

从苏联建造世界上第一座核电站至今，核电经历了波澜起伏的发展历程。二十世纪五六十年代，核电站处于起步和试验阶段；六十至八十年代，由于世界石油危机的影响，核电作为一种替代能源，得到高速发展，大批的核电站被建造起来；八十年代至二十世纪末，美国三里岛核电站和苏联切尔诺贝利核电站先后发生事故，直接导致了核电的停滞局面。二十一世纪以来，随着环境、能源问题的凸显，核电又重新得到重视和发展。

▼世界上第一座核电站——奥布灵斯克核电站

聚焦历史

美国三里岛核电站事故是美国历史上出现的最严重的一次核事故。事故发生后，核电站附近的约20万居民撤出本地，美国各大城市的群众纷纷上街举行示威游行，要求停建或关闭核电站。

▲美国的三里岛核电站

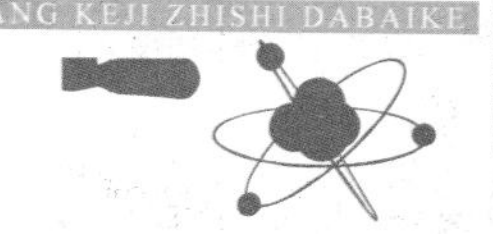

国际现状

截至 2012 年 12 月，全世界的核电总装机容量约为 3.7 亿千瓦，发电量占全球总发电量的 15%。正在运行的核电机组为 437 台，其中美国 104 台、法国 58 台、日本 50 台、俄罗斯 33 台、韩国 23 台、印度 20 台、加拿大 19 台、英国 16 台、中国 16 台，超过 60%的机组采用的是技术最成熟的压水堆。法国是全球核能发电比例最高的国家，核能发电占整个国家发电量的 70%以上。此外，正在建设的核电站中，约 70%集中在中国、俄罗斯和印度。

▲ 位于法国德龙省的特立卡斯坦核电站

中国现状

截至 2014 年 6 月，中国正在运行的核电机组一共为 20 台，主要分布在辽宁、山东、江苏、浙江、福建、广东等沿海地区，总装机容量约为 1 813 万千瓦。另外，中国还有 28 台核电机组正在建设中，在建规模居于世界之首，预计到 2018 年，中国的核电总装机容量将达到 5 000 万千瓦。从核能发电比例来看，中国的核能发电只占总发电量的 2%~3%，而发达国家的这个比例平均约为 15%，因此中国的核电还有很大的发展空间。

发展趋势

核电作为一种安全、清洁、可靠的能源，正越来越受到世界各国的重视，尤其是随着人类对环境、能源问题的意识逐渐加强，核电在未来必然呈现不断扩大的趋势。国际原子能机构预测，到 2013 年，利用核能发电的国家将新增 10~25 个，全球核电总装机容量将增加至少 40%。除了规模不断扩大外，核电技术也会有很大提高，世界各国将在第二代核电技术的基础上，积极研发第三代核电技术，以提高核电的安全性、可靠性和经济性。

▲ 捷克杜科瓦尼核电站

核废料的处理

核废料是具有放射性的废料，一般在核电站的运行过程中产生，另外，核武器的生产和销毁、同位素生产等也会产生核废料。核废料不同于普通的生产、生活垃圾，它的放射性具有很大的危害，而且半衰期长达几万甚至几十万年，因此必须用特殊的方法处理。目前，核废料的处理是一个令科学家们头疼不已的问题。

核废料的分类

核废料按物理状态的不同，可以分为固体、液体和气体三类；按放射性强弱的不同，可以分为高放射性、中放射性、低放射性三类。中、低放射性核废料包括核电站的污染设备、工作服、手套、废弃或退役的仪器设备等，占所有核废料的90%以上，放射性危害相对比较低。高放射性核废料是核燃料燃烧后的产物，一般称为乏燃料，虽然在全部核废料中所占比例不到10%，但由于具有极强的放射性，是核废料处理中最棘手的地方。

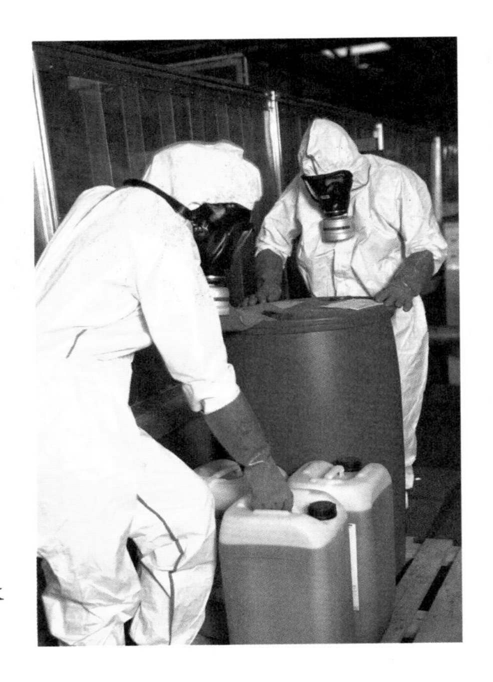

▶ 工作人员在收集核废料

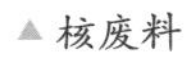

▲ 核废料

分类处理

中、低放射性核废料的放射性较弱，一般的处理方法是将它们封装起来，运到专门的处置库进行掩埋或燃烧。高放射性核废料的处理要严格得多，国际原子能机构对此有严格的要求和规定。一般的方法是将这些废料从核电站取出来后，先要经过冷却，然后封装固化，最后进行深埋处理，或投入几千米以下的海底。有些国家还会回收利用其中的铀、钚资源，以提高核燃料的利用率，不过这样做会面临核扩散的风险。

其他设想

目前，全世界已经建成的专门处理核废料（尤其是高放射性核废料）的处置库不多，而核废料却在逐年增多，其中高放射性核废料每年增加近万吨。如何安全地、永久地处理核废料，至今还是一个困扰世界各国的难题。有人为此提出了很多设想，比如将核废料用火箭送入太空、投入海床下进行存储、运到寒冷的极地进行冰冻处理等。不过，所有这些设想要么就是处理成本太高，要么就是目前的技术尚无法达到。

▲ 核废料处置库

中国的情况

中国的核电事业正在突飞猛进地发展，在不久的将来，中国必然会面临处理核废料的严重压力。目前，中国已建成两个中低放射性核废料处置库，一个是位于广东省大亚湾附近的北龙处置库，一个则位于甘肃省。北龙处置库的容量为8万立方米，广东及其附近的核电站产生的中低放射性核废料，都是运到这里进行集中处理的。目前，中国还没有高放射性核废料处置库，但正在考虑建设，预计将在2030—2040年建成。

寻根问底

核废料处置库一般建在什么地方？

核废料处置库的选址非常重要，如果选址不当，极有可能造成严重的后果。处置库选址要考虑到人口分布、交通运输、地质情况等因素，一般选在经济落后和人烟稀少的地方。

核 事 故

核能蕴含的能量巨大，核材料具有极强的放射性，因此一旦核设施发生意外事故，就会使人员受到放射损伤和放射性污染。严重的时候，放射性物质会泄漏到核设施外部，污染周围的环境，给环境带来长期毁灭性污染，也会对公众生命健康造成危害，对财产造成重大损失。因此，对于核安全一定要做到实施重视和妥善处理、应对。

什么是核事故

核事故是指在核设施（例如核电厂）内部发生的意外情况，造成放射性物质外泄，致使人员受到超过规定限值的照射。核设施一般都具有严密的防护措施，因此核事故的严重程度有大有小，波及的范围也不确定。为了有统一的认定标准，国际社会将核设施安全事故划分成七个等级，其中第 7 级核事故标准最高。历史上，第 7 级核事故仅有两例，为 1986 年的切尔诺贝利核事故和 2011 年的日本福岛核事故。

▲2007 年 7 月 16 日，日本刈羽核电站受地震影响，7 台机组不同程度地发生核事故

对人的损害

在核事故中，对人健康造成损伤最大的是放射性物质的辐射。放射性物质漂浮在空气中，可以通过呼吸、皮肤伤口、食物进入人体，从人体内部对人造成损害。但是，对人体造成伤害最多的还是外部辐射。人体一旦被放射性物质照射，就有可能出现放射性疾病，出现疲劳、头昏、失眠、皮肤发红、溃疡、出血、脱发、白血病等症状和疾病，有时还会增加癌症、畸形、遗传变异的概率。一般来说，人体受到的辐射越多，所出现的放射性疾病也就越严重。

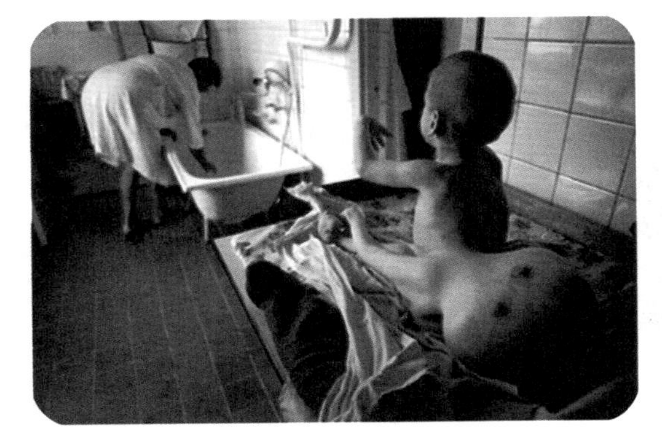

▲受核事故伤害的儿童

三里岛核事故

1979年3月28日凌晨4时，美国三里岛核电站第2组反应堆发生异常：涡轮机停转，堆芯压力和温度骤然升高。2个小时后，大量放射性物质溢出，使得反应堆彻底毁坏。经过工作人员6天不间断的努力，堆芯温度才开始下降，引发更大爆炸的威胁才得以解除。这次事故使得60%的铀棒遭到损坏，反应堆完全瘫痪。之后，经过调查，此次核事故发生的原因竟是工人检修冷却系统后未将冷却系统的阀门打开，致使冷却系统失效。

▲ 三里岛核事故是美国历史上最为严重的核电站事故

日本福岛核事故

2011年3月11日，日本东北部海域发生大地震，并引发海啸，使得日本福岛核电站受到严重损毁，成千上万吨被高度污染的水流入海洋，造成历史上最严重的辐射污水外泄事故。更严重的是，日本政府一直无法采取有效应对措施，并一直隐瞒核事故的真相，企图掩盖此次辐射污水外泄事件。2016年6月，国际机构专家指出福岛核电站大多数核燃料已经熔化，造成的污染很有可能扩大，造成更大的威胁。

见微知著　堆芯熔化

堆芯熔化是指核反应堆失去冷却水后，堆芯水位下降，燃料棒露出水面，燃料中的放射性物质产生的热量无法去除，造成核燃料棒熔化并发生破损事故。堆芯熔化是核电站可能发生的事故中最为严重的事故。

◀ 卫星拍摄到的福岛第一核电站核事故影像

切尔诺贝利核事故

1986年4月26日凌晨1点23分，苏联切尔诺贝利核电站发生严重事故，成为核电发展史上永远的一个噩梦。该事故是历史上最严重的一次核电站事故，造成的辐射为广岛原子弹爆炸的几百倍，以致至今还存在辐射导致的畸形胎儿出生。切尔诺贝利核事故间接推动了苏联的解体，为人类发展核电的安全意识敲响了警钟。

切尔诺贝利核电站

切尔诺贝利核电站是苏联最大的核电站，修建于20世纪70年代，地点位于乌克兰北部的普里皮亚季镇，距离切尔诺贝利市18千米，距离乌克兰和白俄罗斯边境16千米。这座核电站一共有4台核电机组，采用的都是大型石墨沸水反应堆，以石墨作慢化剂，以沸腾的轻水作冷却剂，每台核电机组的功率为320万千瓦。

事故原因

1986年4月25日，切尔诺贝利核电站的工作人员决定对四号反应堆进行停堆维修，结果第二天凌晨便发生了那场悲剧。关于事故原因，苏联官方先后给出了两种不同的说法。1986年8月发布的官方说法是，事故完全是由核电站操作员的失误引起的。1991年发布的报告则认为，事故归因于切尔诺贝利核电站反应堆本身的设计缺陷。

▲ 爆炸后的四号反应堆

▽ 事故后的切尔诺贝利是一座废弃的城，在时间的推移中变得荒芜

损失惨重

爆炸发生后，大量放射性物质被抛射到大气中，散落到苏联西部、东欧、北欧等地，其中 60%散落在白俄罗斯境内。事故造成 31 人在短时间内死亡，其中大部分是消防员和救护员，他们并不知道事故现场有核辐射的危险。后来的 20 年里，先后有几万人死亡，十几万人遭受放射性疾病的折磨，切尔诺贝利市从此变成一座死寂沉沉的空城。

▲ 切尔诺贝利里废弃的游乐场

反应迟缓

切尔诺贝利核事故发生后，并没有立刻引起苏联政府的重视，因为莫斯科的专家和苏联领导人得到的消息是只是反应堆发生了火灾，而并没有发生爆炸。所以直到三天后，苏联政府才开始疏散当地居民。一周后，远在 1 000 千米外的瑞典也发现了放射性尘埃，并向苏联政府告知了这一消息，苏联政府这才意识到问题的严重性。

善后处理

事故发生后的数月里，苏联政府派出了大量的人力和物力，利用工业遥控机器人给炸毁的四号反应堆建了一个混凝土石棺，将其彻底封闭起来。同时，苏联政府将切尔诺贝利核电站周围 30 千米的范围划为隔离区，用铁丝网围了起来，并设置了检查站。隔离区内只有定期换班的检测人员和切尔诺贝利核电站其他三个反应堆的工作人员可进入。

聚焦历史

2007 年，乌克兰政府决定，在切尔诺贝利核电站四号反应堆外搭建一个巨大的钢铁覆盖物，用来取代之前仓促修建的混凝土石棺。这一工程将耗资 7.4 亿欧元。2011 年，40 多个国家已承诺提供 5.5 亿欧元的资金。

▼ 四号反应堆被用石棺盖起来

奇葩核电站

提起核电站，我们一般认为它们建造在地面上。事实上，在地面上建造一座核电站有很多限制因素，比如人口、交通、地质、水源等。早在几十年前，一些发达国家为了更好地利用核电，提出并研制了很多新奇的核电站，包括地下核电站、海上核电站、海底核电站、太空核电站。这些核电站的出现为核电事业开辟了广阔的前景。

地下核电站

20世纪70年代，美国、日本、加拿大等发达国家开始研制地下核电站。地下核电站就是将核电站的反应堆、控制系统、乏燃料储存设施、处置库等部分或全部掩埋于地下。这样做有很多方面的好处：更好地限制气体释放，降低假定堆芯熔化造成的公共卫生影响，增强对外部危险和极端事故的防护力，有利于解决建设场地短缺的问题。目前，美国、法国、瑞典、挪威等国已经建有一定数量的地下核电站。

▲ 地下核电站

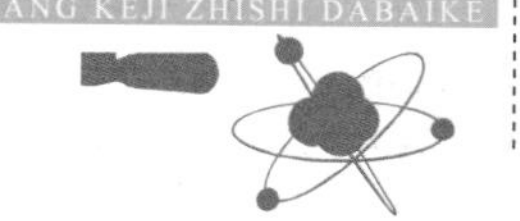

海上核电站

海上核电站又称海上浮动核电站，通俗点讲，它相当于将反应堆安置于浮动的船上，但出于安全方面的考虑，实际结构比这要复杂得多。海上核电站建成后，通过与岸上的高压电线连接，将发出的电输送到需要的地方。海上核电站具有很多优点，尤其是避免了在地面上建造核电站的选址问题，对于英国、日本等岛国非常适合。海上核电站将废料和消耗的燃料装在一个专门的装置里，工作人员会每10~12年清理一次。

▲ 俄罗斯"罗蒙诺索夫"号海上核电站设想图

聚焦历史

2010年，俄罗斯研制的"罗蒙诺索夫"号海上核电站正式下水。这座核电站总造价约为3.5亿美元，上面装有两台3.5万千瓦的反应堆，能够为一座20万人口的城市提供充足的电力，设计的运行寿命为38年。

海底核电站

海底核电站是在几百米深的海底工作的核电站。为了承受几百米深海水施加的压力，以及防止海水腐蚀，海底核电站的各装置都密封在耐压的舱里。海底核电站一般在海面上进行安装，然后连同固定平台一起沉入海底，安置于预先铺设好的海底地基上。海底核电站每运行几年后，就会像潜艇一样浮出水面，以便进行换料维修，然后沉入海底继续运行。早在20世纪70年代，美、英等国就已经开始研制海底核电站了。

▲ 法国的海底核电站设想图

太空核电站

20世纪70年代末，苏联的一颗军用卫星坠入加拿大，引起加拿大政府的强烈抗议。这是为什么呢？原来，苏联的这颗卫星是利用核能来提供电力的，坠入加拿大后必然会造成放射性污染。在太空中利用核能来发电的装置，我们可以称之为太空核电站。它的工作原理与一般的核电站基本一样，也是利用铀235作为核燃料，但由于需要在太空中运转，所以体积上比一般的核电站小得多，大概只有一个小西瓜那么大。

▲ 未来核动力火箭的设想图

身边的核技术

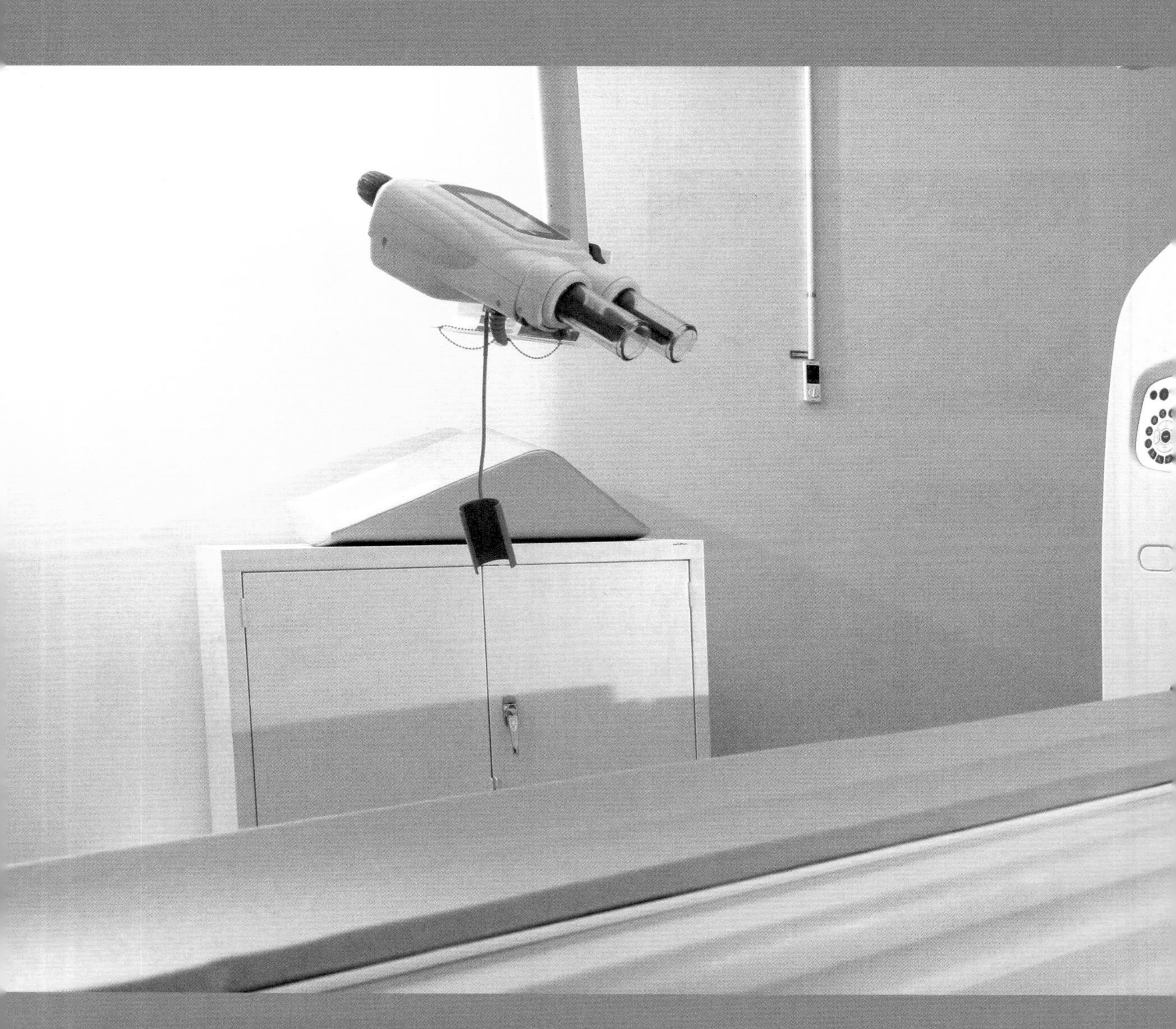

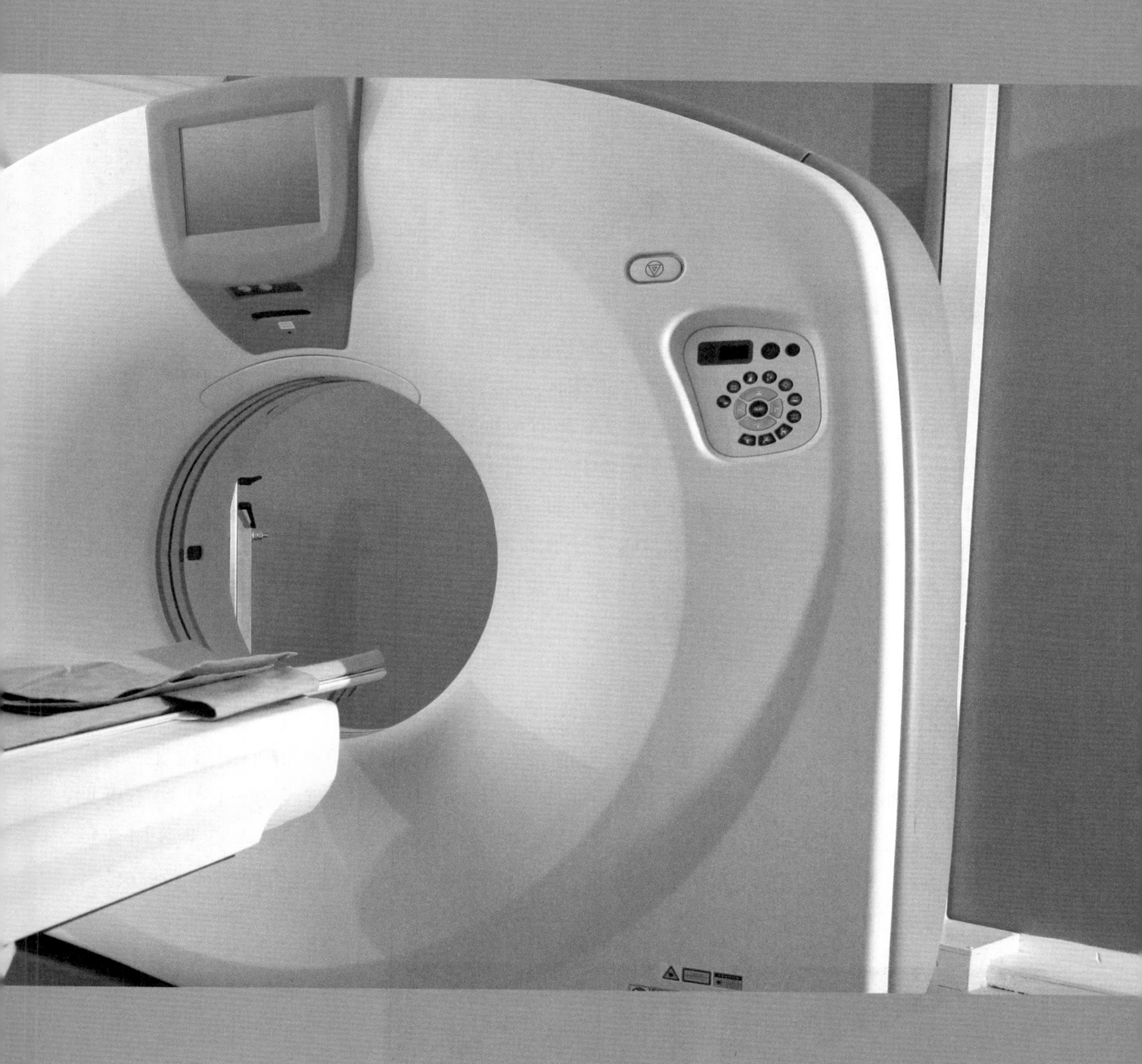

核技术指所有与原子核有关的技术，核武器和核电站当然也包括在内，不过这两项应用似乎离我们有点遥远。事实上，我们生活中的很多方面都已经不知不觉用到了核技术，比如安检仪、放射治疗、核磁共振等。我们身边的这些核技术，大多是利用原子核的放射性和同位素这两大特点，因此又可称为同位素与辐射技术。如今，同位素与辐射技术在农业、工业、医学、资源、环境等领域有着广泛的应用，并取得了显著的经济效益和社会效益。

放射性同位素

19 世纪末至 20 世纪初，人类先后发现了放射性和同位素现象，对原子核及化学元素有了更深刻的认识。在后来的日子里，放射性同位素不断向我们展现着不可思议的广阔世界，在各行各业发挥着重要作用。作为与原子核有关的一种应用，它也许不像核武器和核电站那样耳熟能详，但确实给我们的生活带来了不少恩惠和方便。

什么是放射性同位素

前面我们已经提到过，同位素是质子数相同但中子数不同的不同核素，它们在元素周期表中占据同一位置。具有放射性的同位素称为放射性同位素，不具有放射性的同位素称为稳定同位素。已发现的元素中，只有少数元素没有稳定同位素，但所有元素都有放射性同位素，稳定同位素只有 300 多种，而放射性同位素多达几千种。放射性同位素中有些是在自然界中就存在的，有些是通过质子、中子、α粒子等轰击稳定同位素形成的。

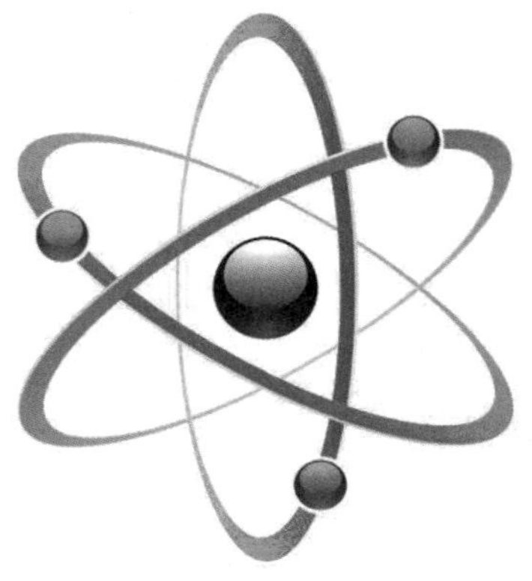

▲ 每组同位素的原子序虽然相同，却有不同的原子量

衰变

放射性同位素最大的特点是衰变，即不间断地自发释放α射线、β射线或γ射线，直到衰变成另一种稳定同位素为止。α射线为氦原子核流，β射线为电子流，γ射线为一种肉眼不可见的电磁波。放射性同位素在衰变时，只会释放其中一种或两种射线，比如磷 32 衰变时会释放β射线，钴 60 衰变时会释放β射线和γ射线。放射性同位素的衰变速度由原子核本身决定，不受外界温度、压力、电磁场等条件的影响。

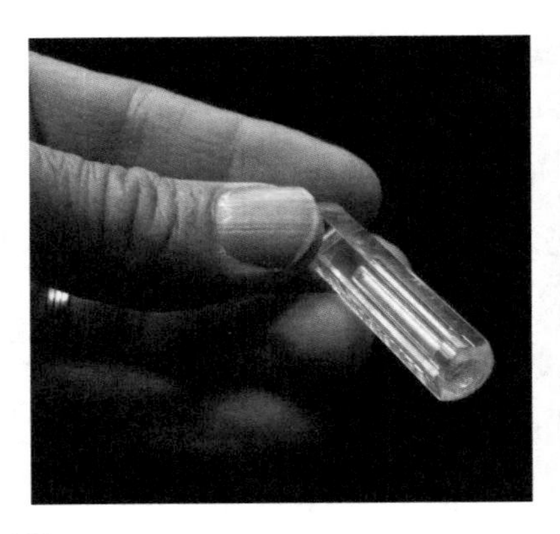

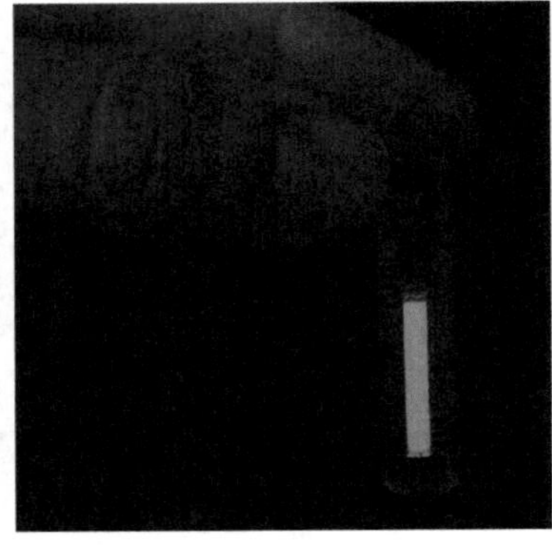

◀ 密封在小硼硅玻璃小瓶中的高压氚气体（图左），当氚衰变时不断发出低能β辐射。这些辐射激发了管内的磷涂层，进而发出可见绿光（图右）

常用的放射性同位素

放射性同位素在生产中有着广泛的应用，常用的有钴60、铯137、碘125、铱192、钚238等。钴60的半衰期为5.27年，它的应用范围极广，包括辐射育种、食品辐照保藏与保鲜、辐射加工、无损探伤、癌症治疗等。铯137在自然界中不存在，它是核武器或核反应堆发生裂变的副产品之一，半衰期长达30年，可以用来杀灭食物中的细菌和微生物，还可以用来监测工业产品的重量、厚度和密度。

▲ 美国宇航局用于放射性同位素热电发生器的钚238颗粒

制备方法

制备放射性同位素的方法主要有三种。第一种方法是在反应堆中产生，利用的是反应堆这个强大的中子源。这种方法具有高产量、低成本的优点，是目前制备放射性同位素最主要的方法。第二种方法是靠加速器来制备，即通过被加速的粒子轰击靶核来制取。这种方法产量低，价格昂贵，但可以制得反应堆中不易得到的放射性同位素，而且产品的比活度比较高。第三种方法是从反应堆发生裂变后的乏燃料中提取。

▲ 医用回旋加速器制备医用放射性同位素设备

见微知著　比活度

放射性同位素每秒衰变的原子数，称放射性活度。放射性活度的符号为A，国际单位是贝克勒尔(Bq)，常用单位是居里(Ci)。比活度是放射源的放射性活度与其质量的比值，符号为a，单位为贝克勒尔/克(Bq/g)。

同位素示踪

放射性同位素的原子、分子及化合物与普通物质相应的原子、分子及化合物具有相同的化学、生物学性质，但前者具有放射性，因此可以区别开来。1912 年，瑞典化学家赫维西首先利用这一特点，提出了同位素示踪技术，并因此获得 1943 年诺贝尔化学奖。通过同位素示踪技术，人们可以知道某一元素在生物体内的分布和转移。

侦察根茎叶

氮、磷、钾是植物营养的三大要素，但是它们被植物吸收后，到底进入了植物的哪些部位呢？要想知道这个问题的答案，可以利用同位素示踪技术。比如，在普通的磷肥（含磷 31）中掺入一点放射性同位素磷 32。磷 32 被植物的根吸收后，会通过茎被输送到叶、果实等部位，就像打入植物体内的侦察兵一样。我们只要通过一定的检测技术，比如射线探测器，就可知道磷 32 在植物体内的分布情况了。

▲ 瑞典化学家赫维西

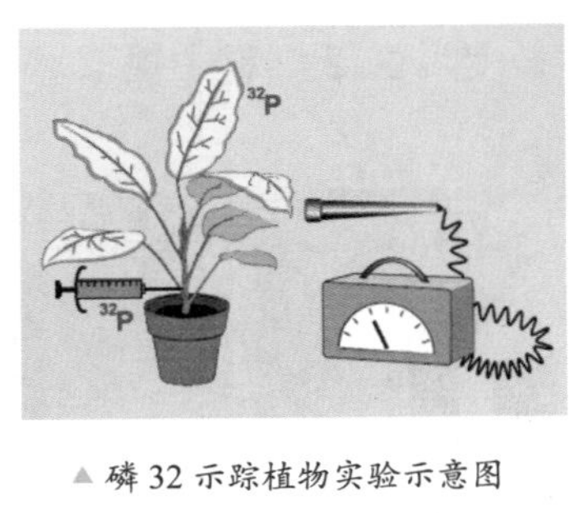

▲ 磷 32 示踪植物实验示意图

▲ 美国科学家卡尔文

光合作用揭秘

我们对于光合作用或许都不陌生，它是植物每天都在进行的一个神奇过程，即水、二氧化碳、阳光在植物的叶绿体中参与反应，最后产生水、氧气和葡萄糖。人们曾经认为，这个过程产生的氧气来自二氧化碳中的氧。但 1939 年，美国科学家鲁宾和卡门利用同位素氧 18 作标记，证明氧气是来自水中的氧。几年后，美国科学家卡尔文利用放射性同位素碳 14 作标记，探明了光合作用中碳的转化过程，这一过程被称为卡尔文循环。

医疗跟踪

除了农业和生物学研究外，医疗上也经常用到同位素示踪技术，比如检查血液循环。血液中含有氯化钠，为了搞清人体的血液循环是否正常，可以向人体输入含有微量放射性同位素钠 24 的氯化钠。钠 24 会随着血液流遍全身，就像一个运动员在规定的赛道上跑动一样，我们只要用射线探测器在身体各个部位进行探测，就可知道体内血液到达各个部位所需的时间，从而知道血液循环中是否存在狭窄、障碍等情况。

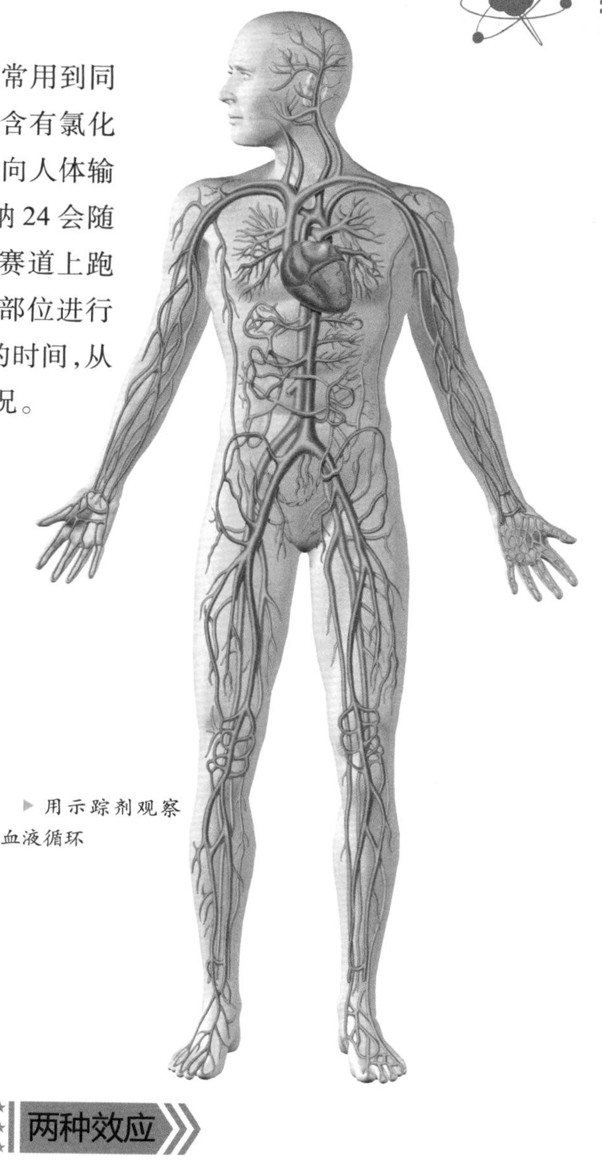

▶ 用示踪剂观察血液循环

寻根问底

用放射性同位素作示踪剂会对人体造成伤害吗？

用放射性同位素作示踪剂时，使用的含量非常微小，所以是不会对人体造成伤害的。不过，从事该工作的人要经受专门的训练，并且要具备相应的安全措施和条件。

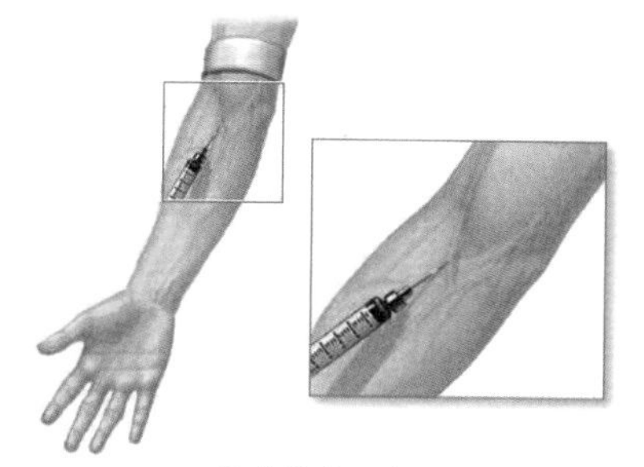

▲ 通过静脉注射示踪剂

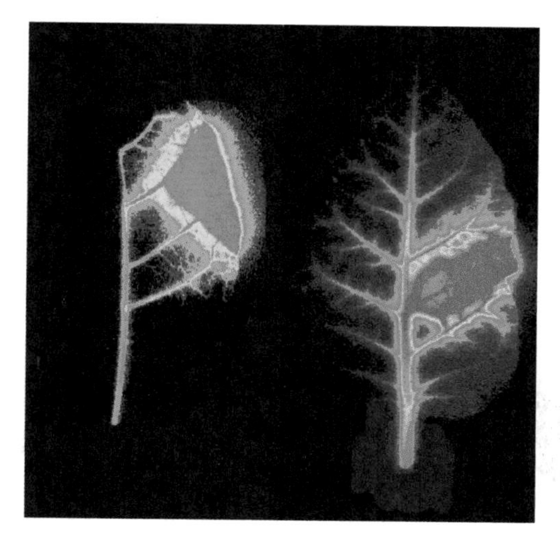

▲ 在农业上，科学家通过示踪剂观察水分和养分在植物体内的移动情况

两种效应

示踪实验存在同位素效应和放射效应两个问题。同位素效应指同位素与相应普通元素的微小差异引起的个别明显的问题，尤其是对轻元素来说比较明显。比如用含氘的水作示踪剂时，它的含量不能过大，否则会影响水的物理性质，从而改变细胞膜的渗透、细胞质的黏性等。用放射性同位素作示踪剂时，如果用量过大，放射性会改变机体的生理机能，这就是放射效应。所以，示踪剂的用量必须严格控制在机体允许的范围内。

中子活化分析

所谓中子活化分析，指的是用中子照射分析样品，使其中的稳定同位素因激发而活化成放射性同位素，从而对样品中的元素进行定性和定量分析。中子活化分析可以测定80多种元素，具有灵敏度高、非破坏性、低污染等优点，而且还可以同时测定多种元素。目前这一技术被广泛应用于地球化学、环境科学、考古学等领域。

原理

样品中一般存在不同含量的元素，用中子进行照射后，这些元素会受激发而活化成放射性同位素，比如钠23变成钠24、磷31变成磷32等。这些放射性同位素的半衰期各不相同，衰变产生的γ射线的能量也不同，只要用γ能谱仪测出γ射线能谱和放射性强度，就可以知道被测样品中存在哪些元素，以及每种元素的含量是多少。

聚焦历史

1936年，化学家赫维西和莱维进行了世界上第一次中子活化分析。他们用200~300毫克的镭-铍中子源，对氧化钇样品进行照射，测定了其中的镝元素。定量分析结果为每克氧化钇中含有1毫克的镝。

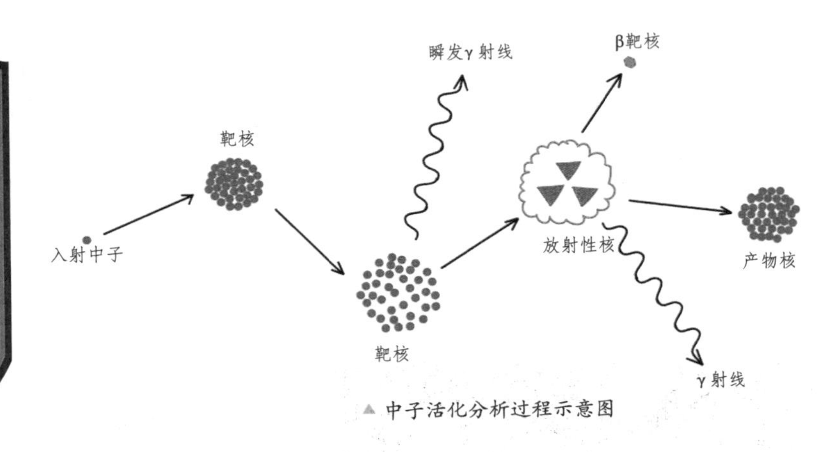

▲ 中子活化分析过程示意图

中子来源

中子活化分析中使用的中子有两个来源，一个是反应堆，一个是中子源。利用中子源比反应堆方便得多，但中子产量比较低，一般只适用于对一些比较容易“逮住”中子的元素进行分析。目前这种分析方法，在工业生产中应用得比较多，比如水泥生产实时配料监测、火电站煤质在线监测、地下矿藏勘探、隐蔽危险物品快速检测等。

▲ 在水泥生产过程中，利用中子活化分析技术，不需取样，直接测量通过皮带的大宗物料就可测出物料成分，大大提高产品合格率

射击残留物鉴定

中子活化分析还有一项重要的应用，那就是用于枪杀案的侦破。在进行射击残留物鉴定时，可以用中子活化分析来检测射击者手上锑和钡的存在和含量。这两种元素是子弹底火的成分，虽然它们也可能存在于并未开过枪的人手上，但开过枪的人手上这两种元素含量高得多。因此，根据这点可以知道嫌疑犯最近是否开过枪。

▲ 中子活化分析技术用于刑侦案件中

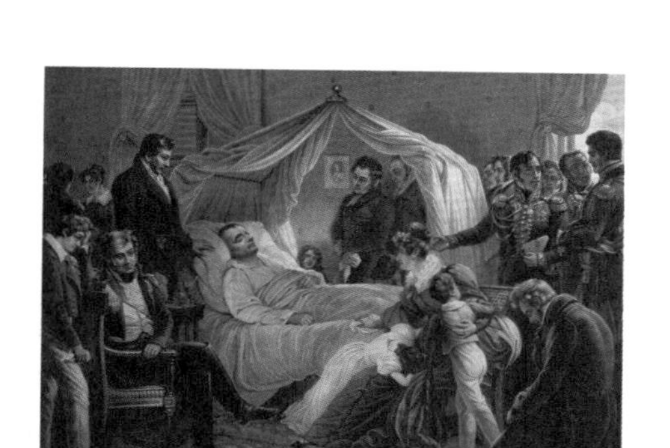

▲ 拿破仑之死

拿破仑死亡之谜

拿破仑是叱咤 19 世纪的法国政治家和军事家，滑铁卢一战失败之后，他被流放到了圣赫勒拿岛，并于 1821 年在该岛逝世，死时只有 52 岁。至于拿破仑是怎么死的，史学界一直没有确切的说法。1961 年，有人用中子照射了存放在博物馆中的一根拿破仑的遗发，结果发现里面含有有毒物质砷，从而得知拿破仑是中毒而死的。

分析环境污染

中子活化分析可以用来对环境进行分析研究，比如测量大气颗粒物、工业粉尘、固体废弃物等中的金属元素。另外，中子活化分析还可以用来探明烟尘、废水等污染物是如何扩散的，方法是从工厂烟囱排放雾状的硫酸钴，或者把溴化铵溶液混入到排出的废水中，然后用中子活化分析检测钴 60 和溴 82，便可得知这些污染物的扩散情况。

▼ 中子活化分析用于监测水质污染状况

农业应用

放射性同位素在农业上的应用非常广泛，主要体现在示踪和辐射两个方面。示踪利用的是同位素易被探测的特点，来跟踪元素在农作物体内的转移和分布，从而了解农作物的生产和代谢规律。辐射利用的是放射性同位素释放出的射线具有能量这一特点，来造成一定的生物效应，比如诱变效应、绝育效应、致死效应等。

合理施肥

农作物要健康生长，就离不开肥料，但肥料应该施在什么部位，是施在种子的下面好还是施在种子的侧面好，施肥的地方距离植株多远最合适，对于所有这些问题，传统的方法是分别进行培育试验，然后再比较试验结果。这样不仅费时费力，而且试验周期会比较长。利用放射性同位素进行示踪，可以在任何时候知道肥料在农作物中的分布情况，弄清楚农作物的哪些部位吸收了肥料，哪些部位没有，从而合理地施肥。

▲ 利用稳定性同位素对植物进行肥料示踪

▲ 辐射育种后的牵牛花（左）与原始品种的牵牛花（右）在花色上有了改变

辐射育种

利用放射性同位素释放的射线，对农作物的种子、植株或其他器官进行照射，可以诱发农作物产生多种多样的变异。这种方法比农作物自然变异的概率高出几百乃至上千倍，它的唯一缺点是无法控制变异的方向。不过人们经过几代的选择和培育，就可以获得自己想要的新品种，比如具有高产、早熟、抗旱、抗病等优良性能的农作物。辐射育种操作起来非常简便，只要把种子或植株放在射线源附近照射就可以了。

▲ 辐射育种后的青椒，可以长到500克

辐射灭虫法无污染、成本低、经济效益高

辐射灭虫

辐射灭虫并不是利用辐射将害虫杀死，而是使害虫丧失生育能力，这一防治害虫的方法最先是在美国获得成功的。当时，美国的畜牧业长期遭受一种叫螺旋蝇的昆虫的侵害，这种昆虫喜欢在家畜的伤口上产卵，卵孵化出来后会造成家畜死亡。后来，美国人利用适当剂量的射线照射大量的雄虫，使它们丧失生育能力，然后将它们放回自然界中。它们在与雌虫交配后，雌虫并不会产卵，因此大大降低了螺旋蝇的数量。

辐照保藏食品

土豆、洋葱、水果等在储存时，生命活动并未终止，而是继续在呼吸和生长，因此有的会发芽，失去营养，甚至变得有毒。肉类食品如果在没有防护条件下储存，会因微生物的繁殖而腐烂变质。如果食品在储存之前，用一定剂量的射线进行照射，就可杀死肉类食品里的微生物，抑制蔬菜、水果等食品的生命活动，从而起到保藏食品的目的。这种方法简单易操作，不添加化学药剂，而且不会影响食品的外形、口感等。

寻根问底

辐照保藏食品会污染食品吗？

长期试验表明，在一定剂量的辐照下，食品不会产生放射性，不会产生有毒物质，也不会失去营养。吃了这些食品的动物，也没有出现生长、发育和遗传方面的异常情况。

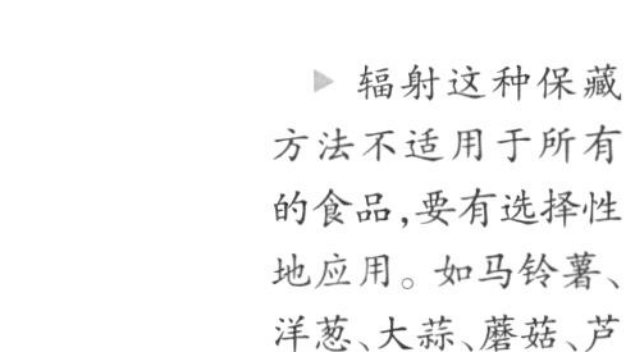

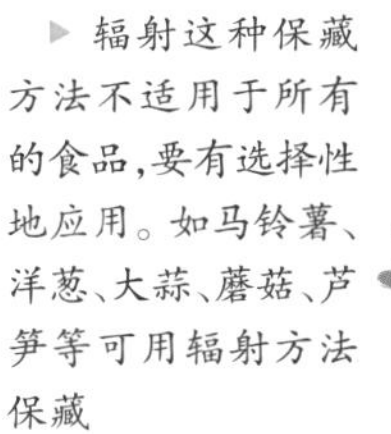

辐射这种保藏方法不适用于所有的食品，要有选择性地应用。如马铃薯、洋葱、大蒜、蘑菇、芦笋等可用辐射方法保藏

工业应用

放射性同位素在工业上具有广泛的应用。无论是像纺织业那样的轻工业，还是像铸造钢铁那样的重工业，无论是传统的冶金行业，还是现代化的航天事业，都会用到与放射性同位素相关的技术。这些技术有的利用的是放射性同位素的示踪特点，有的利用的是其衰变释放的能量，有的利用的是其释放的射线与物质的相互作用。

射线探伤

利用X射线或γ射线，可以探测金属内部是否存在缺陷，比如气孔、夹杂、疏松、裂纹等。因为强度均匀的射线照射物体时，如果物体内部存在缺陷或结构上的差异，那么它将改变物体对射线的透射强弱情况，使物体的不同部位透射的射线强度不同。只要采用一定的检测器检测透射的射线强度，就可以判断出物体内部的缺陷了。

▲X射线探伤仪器

辐射加工材料制成的电线绝缘材料

辐射加工

辐射加工是利用辐射手段，使物质或材料的性能得到提升或改变。电子或γ射线辐射可以改变聚乙烯的性能，使之具有较好的抗热性，成为很好的电线绝缘包皮材料。利用辐射把适当的聚合物结合到纤维基底上，可以使织物具有不吸尘的优点。将木材用塑胶浸泡，然后用γ射线照射，木材表面将变得非常光滑，并且能够防火。

工业同位素示踪

同位素示踪在工业上的应用非常广泛，涉及石油、化工、冶金、水利等行业。比如，冶金行业中通常用放射性同位素钙 45、镧 140、锶 90 等作示踪原子，来探明铸造的钢件中产生气泡的原因；合金行业中通常用钴 60 作示踪原子，来研究合金中不同原子的扩散；检查管道泄漏时，可以将示踪原子混入液体中，然后用探测器来探明管道的漏洞。

▲ 同位素示踪用于钢铁制造业中

消除静电

在纺织工业中，织物与机器摩擦容易产生静电，造成一系列不良后果。β射线能够使空气电离，从而使空气具有导电性，因此工业上常常将能释放β射线的放射性同位素制成静电消除器，安放在容易产生静电的地方。空气一旦变成导体，带静电的物体表面与静电消除器之间就形成了通路，就会发生电中和，从而消除静电。

同位素电池

放射性同位素衰变释放的能量，可以用来制成同位素电池。由于放射性同位素衰变释放能量的大小和速度不受外界温度、化学反应、压力、电磁场等条件的影响，因此同位素电池具有很强的抗干扰性、准确性和可靠性。目前，这种电池被大量应用于航天器中，采用的放射性同位素主要是半衰期较长的锶 90、钚 238、钋 210 等。

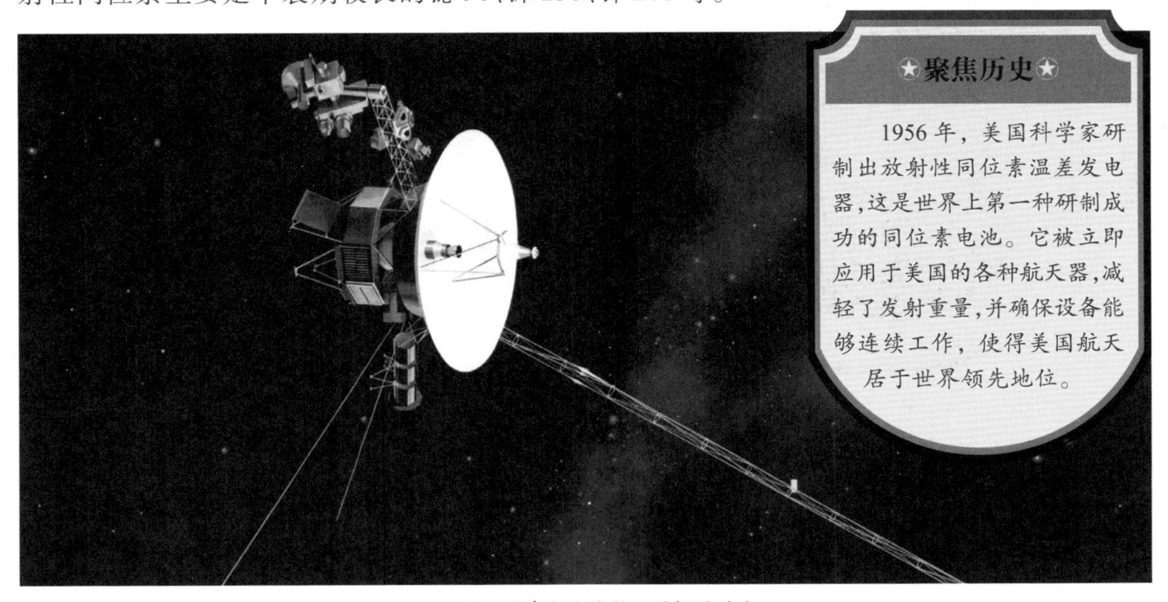

聚焦历史

1956 年，美国科学家研制出放射性同位素温差发电器，这是世界上第一种研制成功的同位素电池。它被立即应用于美国的各种航天器，减轻了发射重量，并确保设备能够连续工作，使得美国航天居于世界领先地位。

▲ 同位素电池为航天器提供动力

医学应用

核技术与医学相结合，形成了一个专门的领域，叫核医学。它是放射性同位素及其产生的辐射、加速器产生的射线束等在医学上的应用。在医疗上，放射性同位素可以用来进行医学研究，以及诊断和治疗疾病；在药学上，它可以用来研究药物的作用原理，几乎每一种新药在试用之前，都会通过同位素标记来研究其代谢过程。

体外显影

用发射γ射线的放射性同位素标记某些试剂，然后给患者口服或注射，这些试剂会选择性地聚集在患者的某些组织或器官中。利用γ照相机，可以显示标记试剂在患者体内的分布情况，从而了解组织器官的形态和功能。发射计算机断层仪是一种体外显影的先进工具，可以探测同位素在人体内的动态分布，得到人体器官的三维图像。

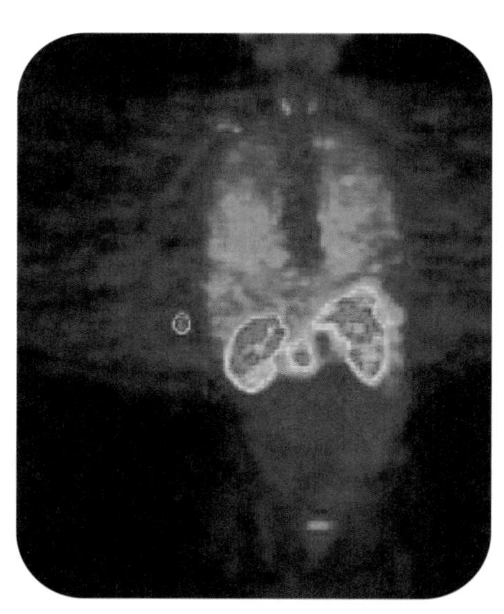

▲ 放射性同位素示踪剂的放射性衰变发出正电子与人体内的负电子相遇而转化为一对γ光子，被探测器探测到后，经计算机处理后产生清晰的三维图象

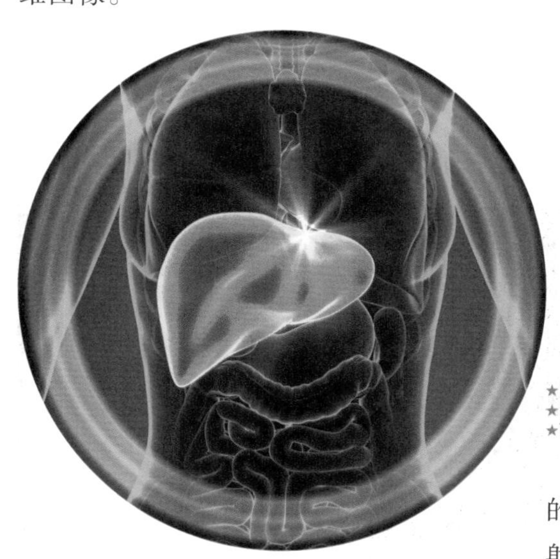

▲ 利用金 198 示踪剂，可以清楚了解肝部病灶变化

金 198 肝脏扫描

肝脏中有许多星状细胞，可以吞噬进入肝脏的异物。金 198 是一种放射性同位素，能够释放γ射线，在被作为试剂注入人体后，会被肝脏中的星状细胞摄取。利用γ照相机进行探测，就可以知道肝脏的位置、形状和大小。如果肝脏某些部位发生病变，病变部位的星状细胞就被破坏了，丧失了摄取金 198 的能力，这可以通过γ照相机探测出来。

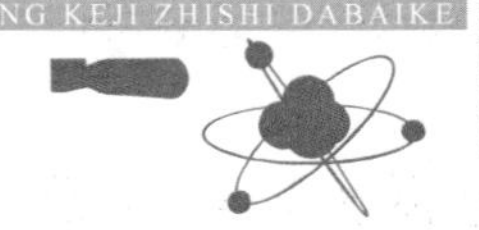

放射治疗

放射治疗是治疗癌症的三大有效手段之一（其余两种为手术和化疗），约 70 %的癌症患者在治疗癌症的过程中都会用到放射治疗。放射治疗是如何治疗癌症的呢？它利用的是癌细胞比人体正常细胞对射线敏感性更高的特点，用适当剂量的α，β，γ等射线对癌细胞进行照射，从而杀死癌细胞，但又要尽量少伤害正常细胞。

寻根问底

放射治疗会出现哪些副作用？

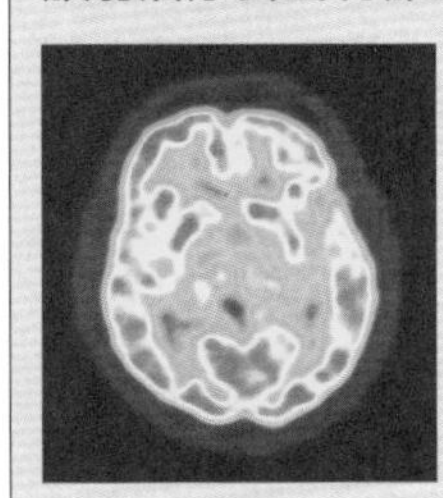

放射治疗或多或少会损害人体正常组织和细胞，因而导致人体出现脱发、皮肤充血、乏力、食欲减退、失眠等症状，但对此不必紧张，因为绝大部分病人服用缓解药物后都可恢复。

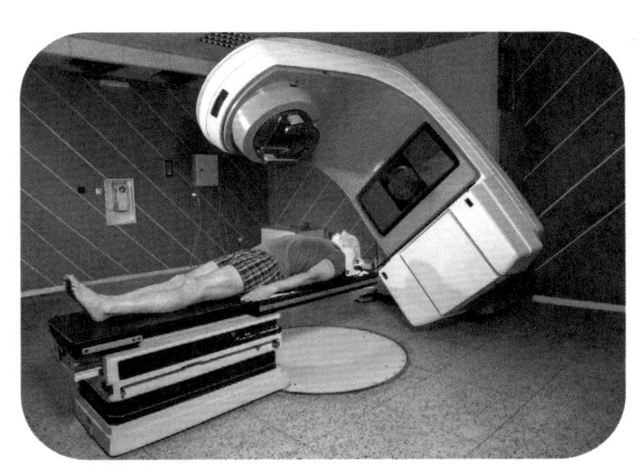

▲ 放射治疗

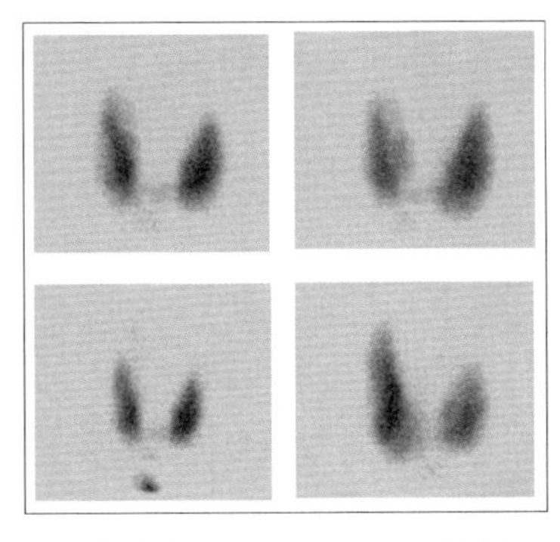

▲ 放射性碘 131 用于甲状腺图像诊断

放射分析

铬酸钠分子容易与红细胞结合，因此向人体注入含有放射性同位素铬 51 的铬酸钠，就相当于给人体的红细胞打上了标记，这可以用来检查很多与血液有关的疾病。碘容易在人体的甲状腺聚集，如果给病人服用含有放射性同位素碘 131 的药剂，就可以知道碘 131 在甲状腺聚集的速度和数量，从而可以知道甲状腺的功能状态。

放射消毒

我们前面已经提到过，食品在储存之前，可以利用射线进行杀菌处理。同样的道理，医疗上也经常用射线来进行消毒，而且有些地方还非用这种方式不可，比如包装在塑料袋里的一次性注射器。另外，医疗中还有很多地方会用射线来消毒，比如手术用的缝合线、手术用的皮手套、取血用的采血板、人工肾脏透视器等。

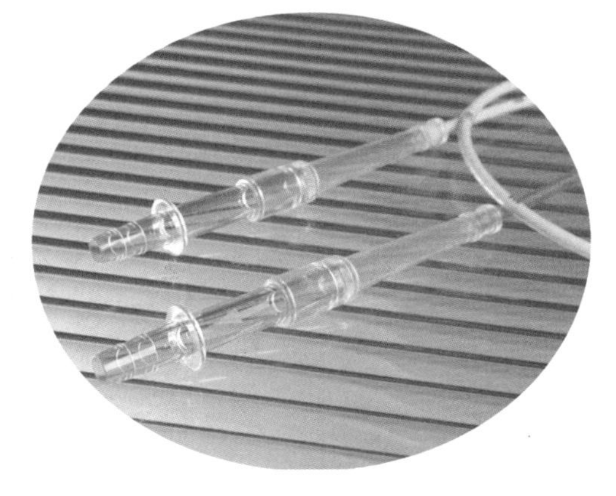

▲ 放射消毒后的器械

核磁共振

核磁共振既不是利用放射性，也不是利用同位素，而是利用原子核的自旋产生的一门技术。该技术主要应用在医学诊断中，是自X射线和CT之后，医学诊断领域诞生的又一项革命性成果。除此之外，核磁共振在其他领域也有应用。2003年，保罗·劳特布尔和彼得·曼斯菲尔德因在核磁共振上的贡献，获得诺贝尔生理学或医学奖。

原理

原子核的自旋会产生磁矩，这使得它处在特定的外界磁场中时，会因共振吸收而吸收能量，而去掉磁场后，原子核吸收的能量又会以电磁波的形式发射出来，称为共振发射。共振吸收和共振发射的过程称为核磁共振。通过计算机对共振发射的电磁波进行处理，可以获得物体中原子核的位置、种类和数量，从而描绘出物体内部的立体图像。

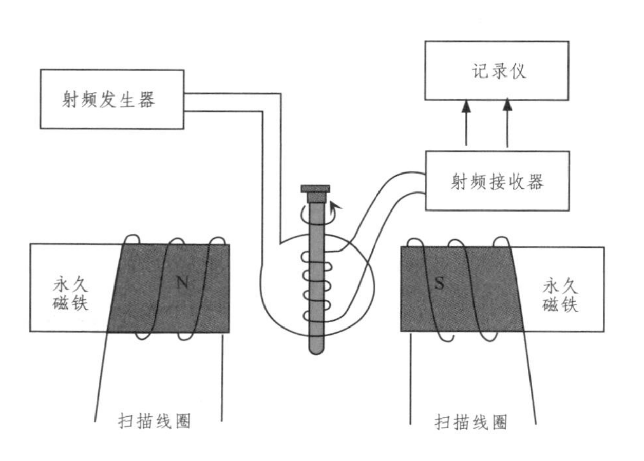

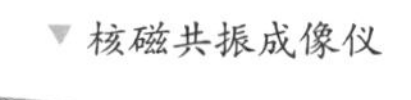
▲ 核磁共振示意图

优点

相对于X射线和CT来说，核磁共振检查具有众多优点。比如，它对膀胱、直肠、肌肉等软组织有极好的分辨力；它可以通过调节磁场自由获取所需的人体剖面图，而不像CT只能获取与人体长轴垂直的横断面；它不会对人体造成辐射损害；原则上所有自旋不为零（氧原子核的自旋为零）的原子核都可以用来成像，如氢、碳等。

▼ 核磁共振成像仪

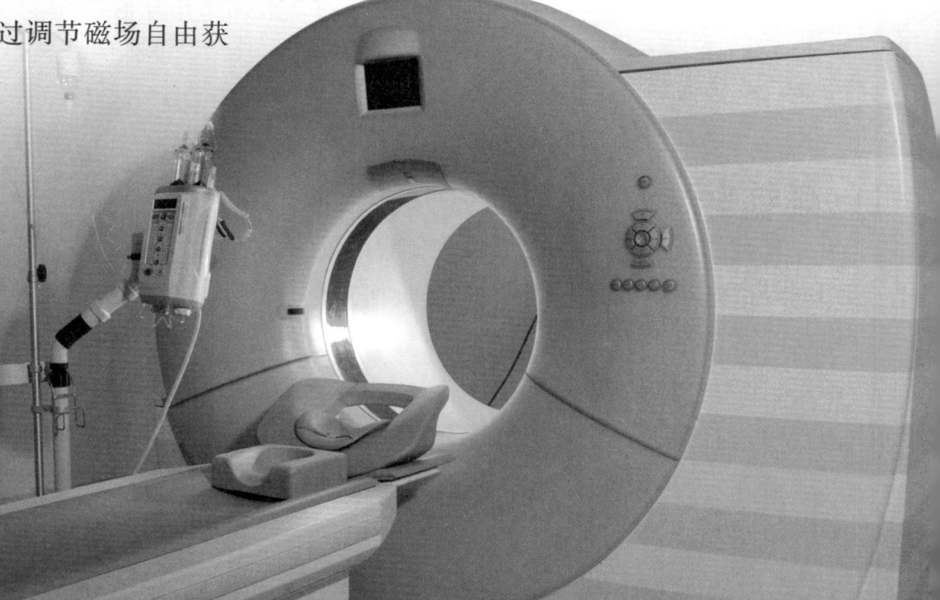

首选氢核

氢核是医学上核磁共振成像的首选核种，这一方面是因为氢核的核磁共振具有灵活度高、信号强的优点，另外还有一个重要的原因。人体2/3都是水，而且水在各组织和器官中的比例各不相同，即氢核的数量各不相同，核磁共振正是利用这一差异来成像的。人体很多疾病会导致水分形态的变化，这会在核磁共振的图像中反映出来。

▲ 核磁共振获得的图像非常清晰精细，大大提高了医生的诊断效率

见微知著　自旋

自旋并不是经典力学中所说的自转，它其实是基本粒子所固有的角动量，复合粒子的自旋由其组成粒子的自旋叠加而得。具有整数自旋的粒子称玻色子（如光子），而半整数自旋的粒子称费米子（如电子）。

缺点

核磁共振检查只是一种获得人体解剖性影像的手段，它不像内窥镜可以同时获得影像和病理两方面的诊断，因此有一些病变单凭核磁共振检查不足以确诊。它对胃肠道病变的检查不如内窥镜好，对肺部的检查不优于X射线或CT，对肝脏、胰腺、肾上腺、前列腺的检查不优于B超，但检查价格却比后者要昂贵得多。

不适宜人群

金属对外界磁场会产生干扰，因此有一些人不适宜做核磁共振检查，比如安装有心脏起搏器的人、体内存在金属异物的人、做过动脉瘤银结扎术的人、安装有金属假肢的人等。在做核磁共振检查之前，应该事先取下身上的假牙、金属项链、手表、金属纽扣等物品。另外，有生命危险的危重病人以及有幽闭恐惧症的人，也不适宜做核磁共振检查。

资源勘探与年代测定

放射性同位素释放出的射线，除了用于农业、工业和医疗之外，还可用于勘探煤矿、石油等资源，大大提高了人们开发资源的效率。在考古学上，人们利用一些放射性同位素衰变的速度，可以测定地质、古代遗址、古生物等的存在年代，使我们可以知道人类出现以前的世界，也可以使我们辨认一些古代遗物的真假。

γ射线勘探煤

放射性同位素是一个很好的“勘探员”，可以帮助我们知道地下埋藏的秘密。它是怎样完成这一工作的呢？把带有放射性同位素钴 60 的测井仪放入钻好的深井中，钴 60 释放出的γ射线会穿过井壁，到达地层中。如果地层中蕴藏有煤，由于煤的密度比岩石小，那么被吸收的γ射线就会少，而被散射回来的γ射线就会多，探测器接收后输出的电信号就会更加强烈，这就等于告诉我们：“这个地方有煤！”

▶ 煤矿勘探

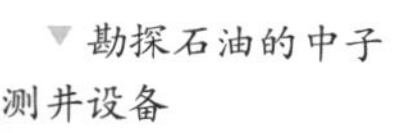

▼ 勘探石油的中子测井设备

中子勘探石油

中子勘探石油与γ射线勘探煤的原理相似。将带有中子源的测井仪放入钻好的深井中，当测井仪通过有石油、水等含氢丰富的地层时，中子源释放出的快中子会被氢慢化，变成慢中子，慢中子很容易被地层中的原子核捕获，同时释放出γ射线，被探测器接收到。如果地层中没有石油，中子源释放出的快中子会一直到地层深处才被原子核吸收，释放出的γ射线要穿过很厚的地层才被探测器接收到，因此信号会比较弱。

科学家利用碳14探测技术可以探测到许多古生物的生存年代

碳 14 测年

大气中的氮被来自宇宙的中子撞击后，会变成放射性同位素碳 14，它会与普通的碳 12 一样，通过光合作用进入植物和动物体内，并达到一定的平衡值。动植物死后，就停止了与外界进行物质交换，体内的碳 14 只会不断衰减，而不再得到补充。碳 14 的半衰期为 5730 年，考古学家只要测出动植物遗骸中碳 14 的含量，就可以推测出动植物死亡的时间。这就是著名的碳 14 测年法，被广泛用于测定古代遗址和古生物的存在年代。

寻根问底

几亿年前的地质或遗骸是如何确定的？

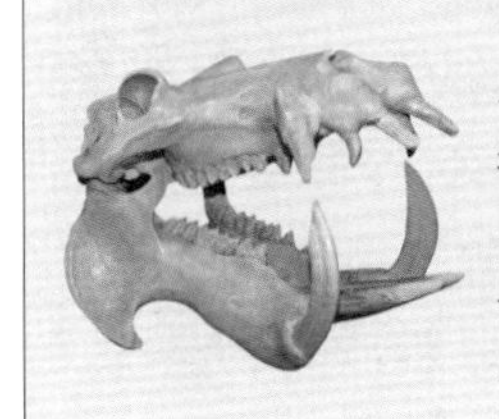

碳 14 的半衰期不足以确定几亿年前的地质或遗骸。不过，有一些放射性同位素的半衰期长得多，比如钾 40 的半衰期约为 30 亿年，可以用来测定几亿年前的地质或遗骸。

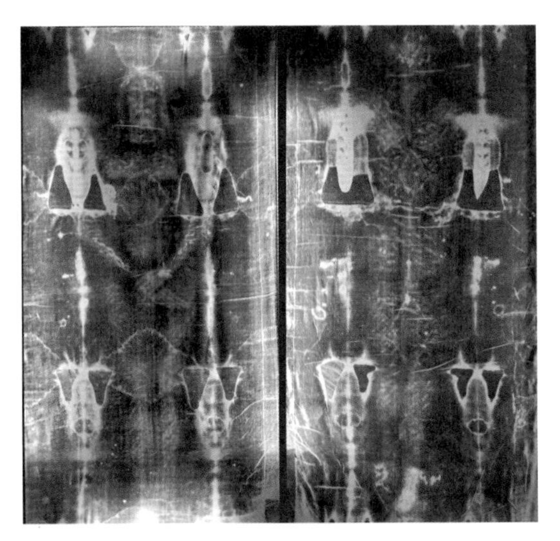

耶稣的"裹尸布"

耶稣"裹尸布"

耶稣是基督教传扬的救世主，大约 2 000 年前，他被钉死在十字架上，几天后被用一块布裹起来埋了。意大利都灵大教堂保存着一张印有血迹的白色麻布，据说是当年留下的耶稣的"裹尸布"。不过，关于其真假的争论一直持续了几个世纪。1986 年，经梵蒂冈教皇批准，考古学家们用碳 14 测年法对这块"裹尸布"进行鉴定，结果测得其年代不可能早于公元 1200 年，证明这块"裹尸布"其实是中世纪的赝品。

安全应用

放射性同位素在安全领域有着广泛的应用。比如，车站里的安检仪利用了X射线的特点；预报火灾的离子感烟报警器和放射性避雷针，利用了放射性同位素发出的射线能够电离空气的特点；有“长明灯”之称的原子灯，利用了放射性同位素发出的射线具有能量这一特点。这些应用使我们的生产和生活变得更加安全和方便。

安检仪

在火车站、地铁站、机场等场所，我们都可以看到安检仪，而且每次进站的时候，我们都要把包包放入其中进行检查。安检仪是通过X射线来检查物品的。当X射线穿过包包中的物品时，可以通过探测从物品透射出来的射线，得知物品的材料、形状等信息。安检仪是通过颜色来显示危险物品的，一般来说，食品、塑料、衣物等安全物品会显示为黄色，玻璃、金属等具有一定危险性的物品，会显示为绿色、蓝色甚至黑色。

▲ 安检仪

寻根问底

安检仪中的X射线会对检查物品造成损害吗？

X射线只起透视作用，不会在物品上残留，所以不会对物品造成损害。安检仪的进出口装有阻挡X射线的铅帘，因此也不会对人造成伤害，不过取包时不可将手伸入安检仪内。

离子感烟报警器

▲ 离子感烟报警器

离子感烟报警器是一种火灾报警器，灵敏度高，造价低廉，被广泛应用于酒店、图书馆、仓库、通信中心等场所。它是利用放射性同位素发出的α射线，将空气电离成具有导电性的正、负离子，在室内两端加上电压后，这些正、负离子会向相反的电极移动，在空气中形成微弱的电流。火灾发生时，产生的烟雾会吸附空气中的离子，降低空气的导电性，当导电性降低到低于预设值时，离子感烟报警器便会发出火灾警报。

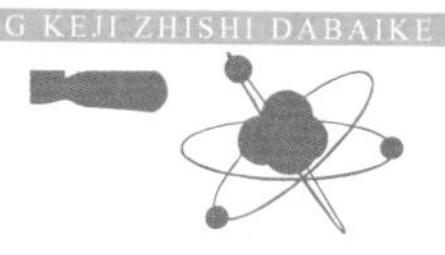

放射性避雷针

放射性避雷针

闪电喜欢走电阻最小的通路，美国科学家富兰克林利用这点，发明了避雷针。放射性避雷针也是利用这个原理，不过它不是靠建筑物顶端与地面相连的金属杆来引导闪电，而是靠放射性同位素释放出的α射线，将空气电离，使之具有导电性。闪电一旦经人工引导进入地面，就可以使建筑物免遭雷电的袭击。富兰克林避雷针的尖端虽然也能产生少量离子，形成少量电离电流，但相对于放射性避雷针来说要小得多。

原子灯

有一类叫发光粉的物质，如硫化锌、硫化钙、硅酸锌等，它们在接受可见光或其他形式的能量照射后，会受激发而处于不稳定状态，并随时要回到稳定状态，同时以可见光的形式向外释放能量。将发光粉与放射性同位素混在一起，只要放射性同位素一直发出射线，发光粉就会永不停息地发光，依据这一原理制成的灯叫原子灯。原子灯不会因打火花而引发火灾和爆炸，是储存易燃易爆物品仓库的理想照明工具。

原子灯

原子灯光源

重要的科学家

在世界近现代史上，先后发生过工业革命、电气革命、计算机革命，这些革命都有一大批科学家的参与，并且从整体上改变了人类的生活。对核能的开发和利用，也可以说是人类发展史上的一次革命，它也是由一大批世界一流的科学家共同完成的。这些科学家有大名鼎鼎的爱因斯坦，有为人敬仰的居里夫人，有领导曼哈顿计划的奥本海默，有为中国核事业作出重要贡献的钱三强、邓稼先等。他们的功勋应该得到赞颂！他们的故事应该被传扬！

威廉·伦琴

威廉·伦琴是德国物理学家，以发现X射线而名留青史，他也因此获得首届诺贝尔物理学奖。X射线的发现是科学史上的一个里程碑，它不仅对医学诊断产生了重要影响，而且促进了后来许多重大科学发现的产生。伦琴在科学上功勋卓越，获得无数荣誉，但从来不居功自傲，而是一心从事科学研究，成为后来科学家们的榜样。

青年时期

伦琴于1845年3月27日出生在德国莱茵州，他的父亲是一个纺织厂的厂长，母亲是荷兰人，伦琴是家里的独生子。伦琴3岁时，他们一家迁到了荷兰，小伦琴在荷兰读完了小学和中学。20岁时，伦琴进入苏黎世联邦工业大学，3年后毕业，并取得机械工程师的称号。1869年，伦琴以一篇优秀的论文获得苏黎世大学的博士学位。

▲ 伦琴的出生地

不申请专利

1895年，时任德国维尔茨堡大学校长的伦琴在研究阴极射线时意外地发现了X射线。不久，美国医生使用X射线找到了伤员腿上的子弹。企业家听闻这一消息后，都蜂拥而至，争相出高价购买这一新技术，但伦琴坚持不申请专利。爱迪生对此深受感动，他专门发明了一种接收X光的荧光屏，与X射线配合使用，也没有为此申请专利。

▼ 伦琴发现X射线的装置

第一个诺贝尔奖

伦琴因为发现X射线，获得了1901年诺贝尔物理学奖。这也是人类历史上颁发的第一个诺贝尔奖。伦琴将奖金全部捐给了维尔茨堡大学物理研究所，用来添置新的设备。巴伐利亚贵族院为了奖赏伦琴在科学上的贡献，准备授予他王室勋章和贵族封号，但被他断然拒绝了。1923年2月10日，伦琴逝世，结束了他伟大而光辉的一生。

▲ 伦琴

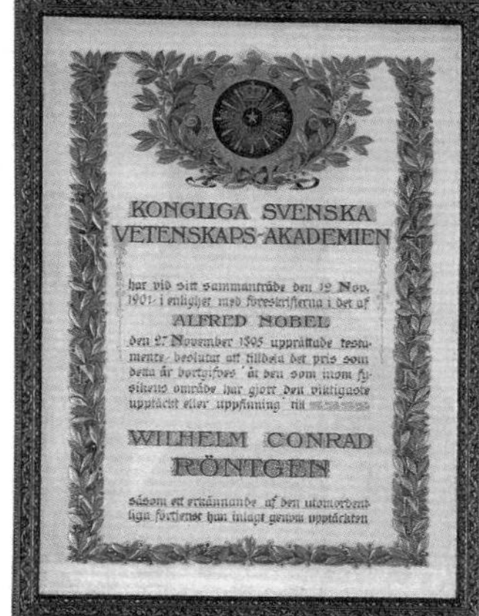

KONGLIGA SVENSKA
VETENSKAPS-AKADEMIEN

har vid sitt sammanträde den 12 Nov. 1901 i enlighet med föreskrifterna i det af

ALFRED NOBEL

den 27 November 1895 upprättade testamente beslutat att tilldela det pris som detta år bortgifves åt den som inom fysikens område har gjort den viktigaste upptäckt eller uppfinning till

WILHELM CONRAD
RÖNTGEN

såsom ett erkännande af den utomordentliga förtjenst han inlagt genom upptäckten

▲ 伦琴获得的诺贝尔奖证书

聚焦历史

1895年圣诞节的前几天，伦琴的夫人别鲁塔来到他的实验室，伦琴让夫人把手放在实验台上，结果照出了一张X光片。别鲁塔看到照片后惊叹地问："这个圆环是什么？"伦琴回答："这是我们的结婚戒指。"

伦琴奖金

伦琴奖金是以威廉·伦琴的名字命名的一项奖励，由德国两家公司于1974年共同设立，由德国吉森尤斯图斯·利比希大学颁发。伦琴奖金每年颁发一次，主要授予青年科学家，奖励他们在放射性领域的基础研究中所写的优秀论文或其他形式的杰出贡献，奖金金额为5 000马克。伦琴奖金可授予一人，也可由几人共同分享。

伦琴卫星

伦琴卫星是由德国、美国、英国联合研制的一颗X射线天文卫星，原计划用航天飞机发射升空，但由于"挑战者"号航天飞机发生事故，所以推迟到1990年6月1日用火箭发射升空。在工作期间，伦琴卫星先后探测到150 000个X射线源，取得了大量重要成果，包括拍摄到月球的X光片、观测到超新星遗骸和星系团的形态等。

▲ 伦琴卫星

安东尼·贝克勒尔

安东尼·贝克勒尔是法国著名科学家，以发现天然放射性现象而名留青史，也因此获得1903年诺贝尔物理学奖。天然放射性的发现具有划时代的意义，它为人类打开了通向微观世界的大门，为原子核物理学的诞生和发展奠定了基础。因为对天然放射性的发现和研究，贝克勒尔献出了自己的生命，他是这条道路上的第一位英雄。

▲安东尼·贝克勒尔

科学世家

1852年12月15日，安东尼·贝克勒尔出生在法国巴黎的一个科学世家。他的父亲叫亚历山大·贝克勒尔，是一位应用物理学教授，对太阳辐射和磷光有过研究。他的祖父叫安东尼·塞瑟，是皇家学会的会员，发明了通过电解从矿物中提取金属的方法。1878年，贝克勒尔与一位土木工程师的女儿米勒·捷宁结婚。他们生了一个儿子，名叫吉昂，后来也成了一位物理学家，是贝克勒尔家族中的第四代物理学家。

生平简介

由于家里祖祖辈辈都是科学家，贝克勒尔从小就受到科学的熏陶，对科学表现出浓厚的兴趣。1872年，贝克勒尔就读于巴黎综合理工学院。大学毕业后，他去了一个地方政府部门任职。1877年，贝克勒尔正式成为一名工程师，并于1894年晋升为总工程师。从1878年起，他被任命为自然历史博物馆的助教。1888年，贝克勒尔获得法国科学院的博士学位。1892年，他成为教授。1895年，贝克勒尔成为巴黎综合理工学院的教授。

▲1890年的贝克勒尔

与庞加莱的对话

伦琴发现X射线后，将这一消息写信告诉了法国数学家庞加莱，并寄上了一张X光片。1896年1月20日，法国科学院召开例会，庞加莱向与会者展示了X光片。贝克勒尔当时也在场，他问庞加莱这种射线是怎么产生的。庞加莱说是从真空管阴极对面发荧光的地方产生的，可能与荧光属于同一机理。庞加莱还建议贝克勒尔研究一下，看看荧光会不会伴随有 X 射线。贝克勒尔听从了庞加莱的建议，于是投入实验，最终发现了天然放射性。

▲ 贝克勒尔在实验室

见微知著 **磷光**

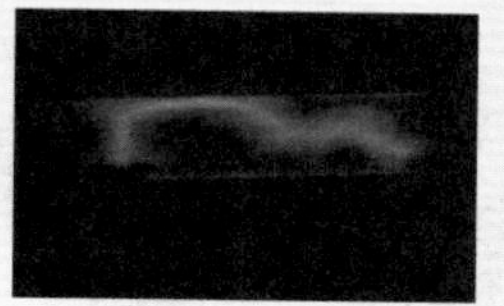

磷光是一种缓慢发光的光制冷发光现象。某些物质（如夜明珠）在常温下，经某种波长的入射光照射，会吸收光能而进入激发态，入射光停止照射后，该物质会缓慢退出激发态，同时发出波长在可见光波段的出射光。

死于放射性

1903年，贝克勒尔因为发现天然放射性现象，与居里夫妇共同获得诺贝尔物理学奖。然而，由于长期接触放射性物质，贝克勒尔刚刚年过半百，便开始感到浑身瘫软，头发逐渐脱落，手上的皮肤经常像灼烧一样疼痛。1908年8月25日，贝克勒尔离开了人世，他成为第一个被放射性夺走生命的科学家。为了纪念这位科学先驱，1975 年举行的第十五届国际计量大会规定，将放射性活度的国际单位命名为贝克勒尔。

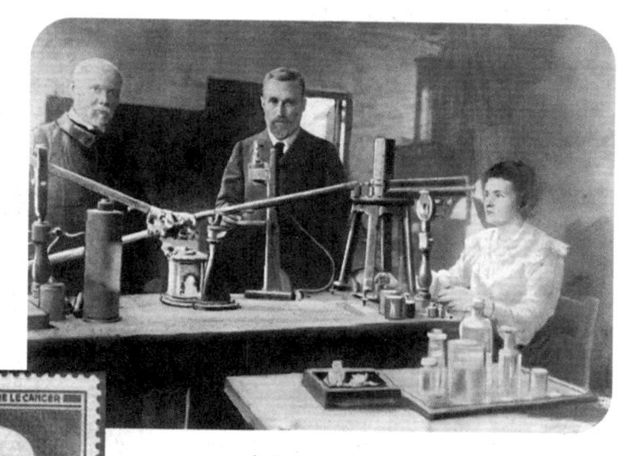

▲ 贝克勒尔和居里夫妇在一起

◀ 贝克勒尔纪念邮票

玛丽·居里

世界上各行各业都出现过一些伟大的女性，她们取得了很多男人都望尘莫及的成就，比如中国唐代的武则天、欧洲中世纪的圣女贞德、19世纪的南丁格尔等。玛丽·居里便是这样一位伟大的女性，她在科学上取得了举世瞩目的成就，一生两次摘取科学皇冠上的明珠，然而对待名声却处之泰然，成为无数科技工作者的楷模。

求学生涯

1867年11月7日，玛丽·居里出生在波兰华沙市，年轻时名叫玛丽·斯科罗多夫斯卡。

1878年，玛丽的母亲去世。1883年，15岁的玛丽以优异的成绩从中学毕业，后来一直做了好几年的私人教师。1891年，玛丽考进巴黎大学理学院，四年后从巴黎大学毕业。她于1895年7月与皮埃尔·居里结婚，后人因此常常称她为居里夫人。

▲ 玛丽·居里

◀ 居里夫妇

发现钋和镭

居里夫妇开始进行科学研究时，放射性现象刚刚被发现，他们很快就进入了这一领域。1898年7月，居里夫妇发表了《论沥青铀矿中的一种放射性新物质》，说明发现了一种放射性比铀强几百倍的新元素。居里夫人以她祖国的名字，将这种元素命名为“钋”。半年后，居里夫妇又发现了放射性比铀强几百万倍的镭，此后长期致力于提取金属镭的工作。

两次荣获诺贝尔奖

居里夫人是历史上第一个两次荣获诺贝尔奖的人。因对放射性现象的研究，居里夫妇与贝克勒尔共同获得1903年诺贝尔物理学奖。因发现镭并提取出纯净的金属镭，居里夫人获得1911年诺贝尔化学奖。虽然荣誉满堂，但居里夫人并未因此骄傲自满，爱因斯坦因此称赞道："在所有的世界名人中，玛丽·居里是唯一没有被盛名宠坏的人。"

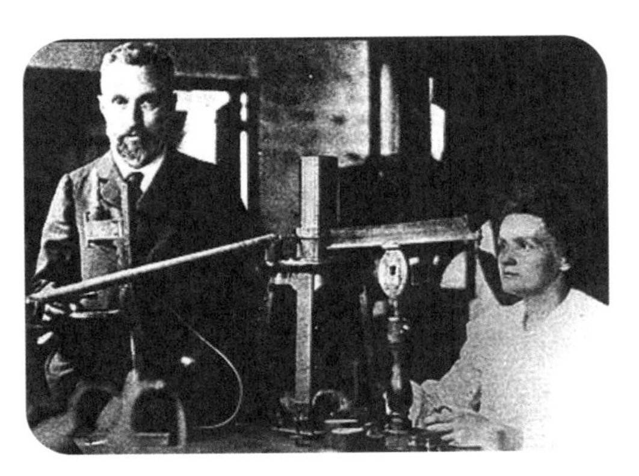

▲ 居里夫妇

▶ 皮埃尔与玛丽的纪念章

▲ 居里夫人与两个女儿

寻根问底

镭射线为什么可以用来治疗癌症？

镭射线对于不同的细胞和组织作用大不相同，尤其是那些繁殖很快的细胞，一经镭的照射后就会被破坏掉。癌症由繁殖异常迅速的细胞引起，所以可以用镭射线将其破坏掉。

感情风波

1906年，皮埃尔·居里不幸被马车撞死，居里夫人承受了沉重的打击。后来，居里夫人与丈夫生前的学生保罗·郎之万相恋，但由于郎之万已有家室，并且与妻子的离婚没有取得成功，媒体便把这事炒得沸沸扬扬，甚至称居里夫人为"波兰荡妇"。在巨大的压力下，他们不得不选择了分手，这段感情从此不了了之。

为科学献身

镭是具有剧毒的放射性物质，能取代人体内的钙并在骨骼中聚集，慢性中毒可引起骨瘤和白血病。居里夫人在进行科学研究时，由于长期接触镭，最后患上了白血病。1934年7月4日，居里夫人在法国上萨瓦省的一座疗养院逝世，享年67岁。7月6日，人们根据居里夫人生前的遗愿，将她与皮埃尔·居里合葬在同一个墓穴中。

▲ 晚年的居里夫人

约瑟夫·汤姆逊

约瑟夫·汤姆逊是英国著名物理学家，因发现电子而闻名于世，在科学界素有“电子之父”的美称。汤姆逊之所以能发现电子，与他的科学素养密不可分。他凭借自己的勤奋与刻苦，掌握了深厚的数学、物理知识，同时注重实验，又能够摆脱旧思想的束缚，实事求是，在实践中发现真理，这值得每一个从事科学研究的人学习。

少年熏陶

1856年12月18日，约瑟夫·汤姆逊出生在英国曼彻斯特。他的父亲是一位专印大学课本的商人，由于职业关系，经常和曼彻斯特大学的一些教授往来。少年汤姆逊在这样的环境熏陶下，学习非常刻苦认真，14岁时便考进了曼彻斯特大学。在大学期间，他受到司徒华教授的精心栽培，学业进步非常迅速。

▲ 约瑟夫·汤姆逊童年照

◀ 曼彻斯特大学

剑桥大学的高材生

汤姆逊21岁时，被保送到剑桥大学三一学院深造，这是牛顿曾经学习过的地方。1880年，汤姆逊参加了剑桥大学的学位考试，并以第二名的优异成绩取得学位。不久，他被选为三一学院的学员，两年后被提升为大学讲师。汤姆逊在数学和物理上具有很高的造诣，在这段时期先后发表了《论涡旋环的运动》《论动力学在物理学和化学中的应用》等论文。

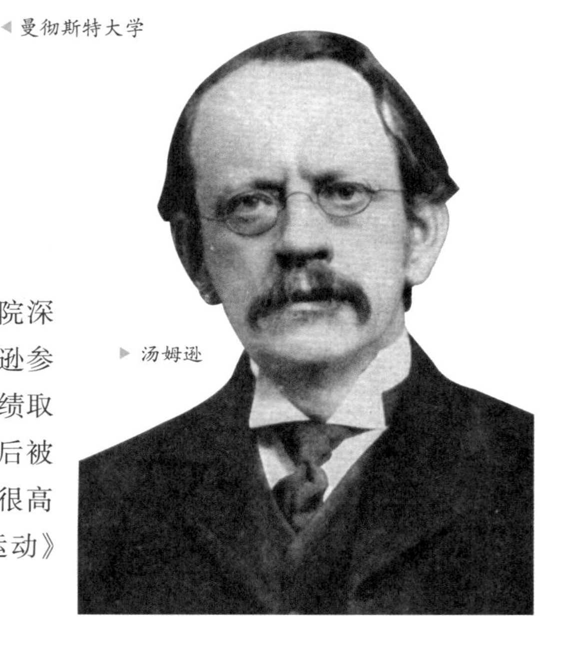

▶ 汤姆逊

28 岁的主任

剑桥大学的卡文迪许实验室在世界上享有很高的声誉。1884 年，卡文迪许实验室第二任主任瑞利当选为皇家学院教授，因此辞去了主任一职。汤姆逊申请了这个职位，当时他只有 28 岁，没想到竟然真的当选了。在担任卡文迪许实验室主任的 30 多年里，汤姆逊着手更新实验室，引进新的教学方法，成功地创立了一个研究学派。

见微知著　卡文迪许实验室

卡文迪许实验室由英国物理学家麦克斯韦创立于 1871 年，为了纪念伟大的物理学家亨利·卡文迪许而命名。该实验室里诞生了大量影响人类进程的科学成果，比如电子、中子、原子核以及 DNA 双螺旋结构的发现。

重视实验

汤姆逊不仅是一位理论物理学家，同时也是一位实验物理学家，他非常重视实验，他的很多科学成就都是通过实验获得的。他要求自己的学生在做研究之前，必须首先掌握所需要的实验技能。对于研究所需的实验仪器，他不许学生使用现成的，而是要自己亲自动手制作。汤姆逊坚持认为，学生做研究时不仅应该观察实验，更是要自己设计实验。

▲ 汤姆逊检流计

◀ 汤姆逊在实验室

享誉科学界

汤姆逊因发现电子而获得 1906 年诺贝尔物理学家，这是他在科学上取得的最高成就。他还培养出很多著名的科学家，比如卢瑟福、查德威克、阿斯顿等，他的学生中有 9 位获得诺贝尔奖。1940 年 8 月 30 日，汤姆逊在剑桥逝世。他的骨灰被安葬在威斯敏斯特大教堂，与牛顿、达尔文等科学大师安葬在一起。

欧内斯特·卢瑟福

卢瑟福以发现原子核而闻名于世，有“原子核物理学之父”的美称。其实他的科学成就远远不止如此，他在放射性领域也做出了重要贡献。卢瑟福同他的老师汤姆逊一样，非常擅长和注重科学实验，他被科学界公认为是继法拉第之后最伟大的实验物理学家。在培养学生方面，卢瑟福相对于他的老师来说，也是青出于蓝而胜于蓝。

求学生涯

1871年8月30日，卢瑟福出生在新西兰纳尔逊。少年卢瑟福天资聪慧，勤奋好学，18岁时考入了坎特伯雷学院。1895年，卢瑟福从坎特伯雷学院毕业，并获得剑桥大学的奖学金，同年进入卡文迪许实验室，成为汤姆逊的研究生。1898年，卢瑟福在汤姆逊的推荐下，到加拿大麦吉尔大学任物理学教授，九年后返回英国，出任曼彻斯特大学物理系主任。

▲21岁时的卢瑟福

聚焦历史

1895年的一天，正在农场挖土豆的卢瑟福收到剑桥大学寄来的通知书，通知他已被录取为伦敦国际博览会的奖学金获得者。卢瑟福接到通知书后兴奋得扔掉锄头，大声喊道：“这是我挖的最后一个土豆啦！”

▲卢瑟福在实验室

放射性研究

除了发现原子核外，卢瑟福的另一项重要贡献就是对放射性的研究。通过对放射性进行研究，卢瑟福发现放射性是源自原子内部的变化，并且能使一种原子改变成另一种原子，这是一般的物理和化学变化无法实现的。卢瑟福的这一发现打破了元素不会变化的传统观念，使人们对物质结构的研究进入了一个新的阶段。

桃李满天下

卢瑟福除了是一位优秀的科学家，还是一位杰出的学术带头人，同行们称他“从来没有树立过一个敌人，也从来没有失去一位朋友”。提起他在培养学生方面的成就，人们总是称他“桃李满天下”，他的学生和助手中先后荣获诺贝尔奖的多达 12 人。获得 1922 年诺贝尔物理学奖的玻尔，曾深情地称卢瑟福为他的“第二父亲”。

▲ 卢瑟福

◀ 卢瑟福实验室门口的鳄鱼徽章

外号“鳄鱼”

卢瑟福出生在一个贫困的家庭，他是靠自己的勤奋和努力才一步步走进了科学的殿堂。艰苦的求学经历培养了卢瑟福坚毅的性格，使他一旦认准目标，就百折不挠地勇往直前。学生们因此给他取了一个特别的外号——鳄鱼，并把鳄鱼徽章装饰在他的实验室门口。成年后的卢瑟福身材魁梧，精力充沛，属于那种性格极为外露的人。

荣誉满堂

1908 年，卢瑟福因“对元素的蜕变及放射性的研究”获得该年度的诺贝尔化学奖。1919 年，卢瑟福接替退休的汤姆逊担任卡文迪许实验室主任。1925 年，卢瑟福当选为英国皇家学会会长。1931 年，卢瑟福被封为纳尔逊男爵。1937 年 10 月 19 日，卢瑟福因病在剑桥逝世，享年 66 岁。他的骨灰与牛顿、法拉第等大科学家安葬在一起。

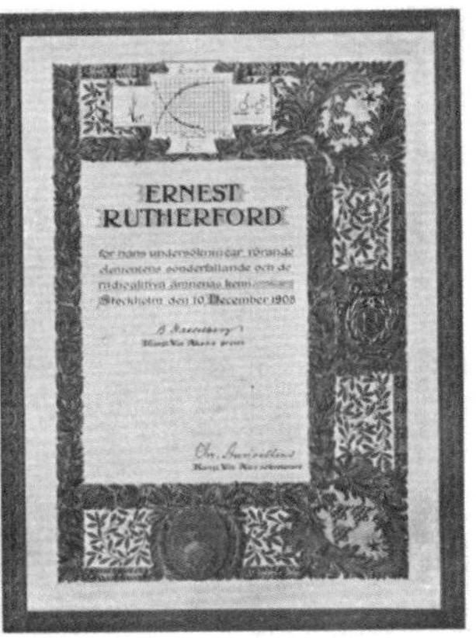

▲ 卢瑟福 1908 年获得的诺贝尔化学奖证书

尼尔斯·玻尔

尼尔斯·玻尔是一位丹麦物理学家，也是量子力学发展史上的重要人物。他凭借卓越的领导才能和富于魅力的人格，领导着一批来自世界各地的青年科学家，在量子力学的神秘世界里遨游和探索。他与爱因斯坦长达几十年的争论，在科学界被传为佳话；他为和平利用原子能的奔走和努力，体现了一个科学家的人道主义精神。

科学家中的球星

1885年10月7日，尼尔斯·玻尔出生在丹麦首都哥本哈根。他的父亲是哥本哈根大学的教授。玻尔从小酷爱足球，曾经与弟弟一起参加过职业足球比赛。在哥本哈根大学学习期间，玻尔是学校足球俱乐部的明星守门员，但在比赛时，他总是一边心不在焉地守着球门，一边用粉笔在门框上演算问题。进入科研机构后，玻尔在专心研究原子物理之余，也不忘用踢球来休息，所以他算得上是科学家中的球星了。

▲ 年青时代的玻尔

哥本哈根学派

1920年，玻尔创建了哥本哈根理论物理研究所，吸引了很多来自世界各地的青年科学家。在探索微观世界的过程中，哥本哈根理论物理研究所形成了一个独立的派别，称为“哥本哈根学派”，其成员包括海森堡、玻恩、狄拉克等。哥本哈根学派对量子力学的建立作出了杰出贡献，它对量子力学的解释被视为量子力学的正统解释。玻尔为解决经典理论和量子理论的矛盾而提出的“互补原理”，是哥本哈根学派的重要支柱。

▼ 玻尔于1920年3月倡导成立哥本哈根理论物理研究所，1965年更名为玻尔研究所

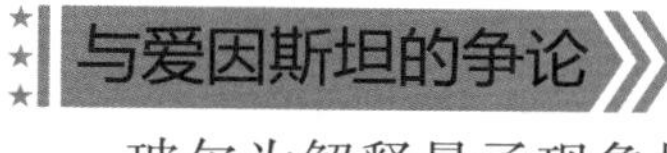

与爱因斯坦的争论

玻尔为解释量子现象提出的互补原理，以及海森堡在互补原理指导下提出的不确定性原理，遭到了坚信决定论的爱因斯坦的反对。为此，爱因斯坦与玻尔就量子力学的意义，展开了长达几十年的科学争论，不过这丝毫没有影响他们之间的友谊。这场争论促进了玻尔观点的完善，使他对互补原理的研究更加深入。但是，爱因斯坦至死也没有接受哥本哈根学派对量子力学的解释，他这样说："我不相信上帝会掷骰子。"

▲ 玻尔与爱因斯坦的争论

见微知著　互补原理

互补原理是指两组物理量在同一次测量中相互排斥，但对于描述微观现象来说又都不可或缺。玻尔于 1927 年首次提出互补原理，指出量子现象无法用一种统一的物理图景来展现，必须应用互补的方式才能完整地描述。

▶ 玻尔设计的家族"族徽"，勋章的中心图案是中国的太极图，以象征自己量子力学上的"互补"理念

涉足原子能

1943 年，玻尔作为英国方面的顾问，与查德威克等科学家一起远涉重洋，去美国参加研制原子弹的曼哈顿计划。回到丹麦后，玻尔大力推动原子能的和平利用。同很多科学家一样，玻尔参与研制原子弹，只是为了防止德国抢先制造出来。他反对在对日战争中使用原子弹，当看到原子弹给日本造成的深重灾难时，他深感内疚，发表了《科学与文明》《文明的召唤》两篇文章，呼吁人们为和平利用原子能而努力。玻尔于 1962 年 8 月 18 日去世。

▲ 玻尔，拍摄于 1935 年

阿尔伯特·爱因斯坦

凡是学过一点科学文化知识的人，恐怕没有一个不知道爱因斯坦的。爱因斯坦被公认为继伽利略、牛顿之后最伟大的物理学家。他创立的相对论革新了人类的时空观，他的轶事在人们中间广为流传，他为核能的开发奠定了理论基础，他在晚年为和平利用原子能而四处奔走。1999 年，爱因斯坦被美国《时代周刊》评选为“世纪伟人”。

青年岁月

1879 年 3 月 14 日，爱因斯坦出生在德国乌尔姆市的一个犹太人家庭。还在少年时期，爱因斯坦就读过一些通俗的科学读物和哲学著作。16 岁时，爱因斯坦在瑞士理工学院的入学考试中失败，与此同时，他开始思考一个人以光速运动时会看到什么现象，并开始对经典物理理论的内在矛盾感到困惑。1900 年，爱因斯坦从苏黎世联邦工业大学毕业，两年后被瑞士伯尔尼专利局雇佣，不久由试用人员转为正式三级技术员。

▲ 16 岁时的爱因斯坦

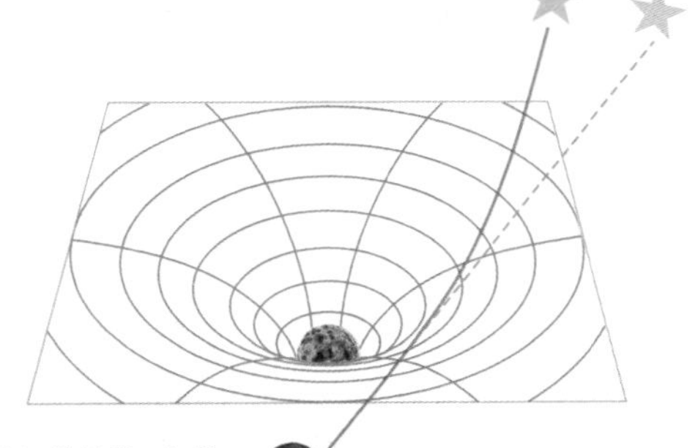

▶ 爱因斯坦曾假设：如果当某个星球的吸引力特别特别强，光从它旁边过的时候是弯曲的，光线经过太阳时会被弯曲

创立相对论

1905 年，爱因斯坦发表《论运动物体的电动力学》一文。这是一篇划时代的论文，里面提出了狭义相对论的基本思想，指出时间没有绝对的定义，而是与光速有着不可分割的联系。1915 年，爱因斯坦又创立了广义相对论，但直到这时，他的名声还仅限于科学界。1919 年，英国天文学家爱丁顿利用一次日全食机会，观测到太阳附近的光线弯曲，从而印证了广义相对论的预言，这使得爱因斯坦一夜之间闻名于世。

▶ 爱丁顿将在非洲拍摄到的日食底片和从伦敦带来的底片重叠在一起，发现太阳周围那十几颗星星，都向外偏转了一个角度，星光拐弯了！由此广义相对论得到了证实

逃亡美国

20世纪20年代至30年代初，声名显赫的爱因斯坦一边从事科学研究，一边奔走于世界各地从事社会活动，并与诸多名人讨论各种各样的科学、社会问题。1932年，一向反对战争的爱因斯坦号召德国人民起来反对法西斯，因此得罪了纳粹政府。1933年，德国纳粹政府查抄了他在柏林的住所，并悬赏10万马克索取他的人头。爱因斯坦当时在美国讲学，得知这一消息后，他便加入了美国国籍，从此再也没有踏上德国的领土。

▲ 1921年，爱因斯坦首次访美时，受到犹太同胞和美国公众的热烈欢迎

聚焦历史

1930年，德国出版了一本批判相对论的书，书名叫《一百位教授出面证明爱因斯坦错了》。爱因斯坦听到这个消息后，耸了耸肩说道："100位实在太多了，只要能证明我真的错了，哪怕一个人出面也足够了。"

▲ 爱因斯坦喜欢抽烟，经常是一边思考，一边抽着烟斗

▶ 爱因斯坦还是一个不错的小提琴手。有时候人们会要求他先拉小提琴，然后再开始他那关于时空的深奥演讲

▲ 1938年的爱因斯坦

为和平奔走

二战爆发后，爱因斯坦在西拉德的推动下，上书罗斯福总统，建议美国抓紧原子能的研究，以防德国抢先制造出原子弹。1945年，美国在广岛和长崎投下原子弹后，爱因斯坦深感愧疚，从此一心从事宣传和平利用原子能的工作。1946年5月，爱因斯坦发起"原子科学家非常委员会"，并担任主席。往后的几年里，他发表了大量关于建立世界政府的言论，并建议把联合国改组为世界政府，但这一系列努力并未引起多大的反响。爱因斯坦于1955年4月18日去世。

詹姆斯·查德威克

詹姆斯·查德威克是英国著名的实验物理学家，以发现中子而闻名于世。中子在原子弹中扮演着十分重要的角色，中子的发现者——查德威克——当然也不例外，他在研制原子弹的曼哈顿计划中也扮演着重要角色。查德威克一生获得众多荣誉，除了获得 1935 年诺贝尔物理学奖外，还先后获得法拉第奖章和富兰克林奖章。

求学生涯

查德威克于 1891 年 10 月 20 日出生在英国柴郡，1911 年以优异的成绩从曼彻斯特大学物理学院毕业。毕业后的两年里，他在卢瑟福的指导下，在曼彻斯特大学从事放射性领域的研究。1913 年，查德威克因为“α 射线穿过金属箔时发生偏转”的成功实验，获得英国国家奖学金，赴德国柏林大学深造，跟随盖革学习放射性粒子的探测技术。

▲ 年轻的查德威克

进入德国战俘营

查德威克去德国没多久，第一次世界大战便爆发了。由于德国和英国是敌对国，他被投进了一个战俘的集中营。起初他被关在一个马棚里，后来英国方面汇来了钱，才使得他的居住条件有所改善。在监禁期间，查德威克认识了一位名叫埃利斯的青年工程师，并热情地向他讲授原子物理，使埃利斯后来成了一名原子物理学家。

结识劳伦斯

查德威克于 1932 年发现中子，并因此获得 1935 年诺贝尔物理学奖。1933 年，查德威克在当年的索尔维会议上遇到了美国物理学家劳伦斯，后者是回旋加速器的发明人。两人志趣相投，后来便开始大量通信，很快成为亲密的朋友。1939 年，在劳伦斯的帮助下，查德威克在利物浦的回旋加速器产生了第一束加速粒子。

▲ 粒子加速器是用人工方法产生高速带电粒子的装置。查德威克在粒子加速器帮助下发现了中子

1933年索尔维会议上的科学家合影(前排右一为查德威克)

参与曼哈顿计划

二战爆发之前,查德威克起初在卡文迪许实验室担任主任助理,后来又转到了利物浦大学任教。1943年,英国决定在原子弹的研制上与美国合作,查德威克被任命为英国代表团团长,带领一批杰出的科学家,远赴美国参加曼哈顿计划。1945年,英国政府为奖励查德威克在科学研究和曼哈顿计划中的重要贡献,封他为英国爵士。

查德威克与曼哈顿计划的主任莱斯利少将在一起

寻根问底

为什么查德威克能够发现中子?

查德威克之所以能发现中子,一方面是因为他扎实的原子物理知识和细心观察实验的态度,还有更重要的一方面是,他在新的实验现象面前具有大胆的创新精神,敢于突破传统思想的束缚。

晚年岁月

二战结束后,查德威克回到了英国。后来的日子里,他一方面领导和从事英国的核能开发,一方面在大学里从事核物理和粒子物理的研究。从1948年开始,查德威克出任剑桥大学冈维尔与凯斯学院的院长,后来因办校政策上的分歧辞去这一职务,并搬到北威尔士的一座村舍居住。1969年,查德威克又搬回剑桥,并于1974年7月24日去世。

晚年的查德威克

奥托·哈恩

对于了解核能发展史的人而言，“奥托·哈恩”这个名字并不陌生，他是核裂变现象的发现者，并因此获得1944年诺贝尔化学奖。由于德国科学家的身份，再加上特殊而敏感的研究领域，哈恩在二战期间与纳粹政府的关系，总是成为人们关注的话题。他与合作者迈特纳之间的是是非非，也常常引起同行和后人们的关注和评议。

求学生涯

1879年3月8日，奥托·哈恩出生在德国法兰克福。1897年，哈恩进入马尔堡大学，四年后获得博士学位。1903年，哈恩被化工厂老板派往英国著名的实验室，在那里结识了威廉·拉姆塞。在拉姆塞的劝导下，哈恩放弃了进入化学工业界的念头，投身到放射化学这一研究领域。1905年，哈恩前往麦吉尔大学，跟随著名的卢瑟福学习。

▲ 奥托·哈恩

聚焦历史

1945年11月，诺贝尔奖评委会宣布将1944年的化学奖授予奥托·哈恩时，却始终联系不上哈恩本人。原来，此时哈恩与冯·劳厄、海森堡等科学家一起，被关在英国的拘留所里。他们被怀疑曾帮助希特勒研制原子弹。

▲ 1901年的奥托·哈恩

▲ 1944年，哈恩获得诺贝尔化学奖的证书

不支持纳粹政府

年轻时的哈恩是个热血青年，一心渴望报效祖国，为此加入过德国毒气部队。后来看清纳粹政府的真相后，他对研究毒气的经历深感愧疚。发现核裂变后，哈恩为了不让纳粹政府掌握原子能技术，拒绝参与任何相关研究。他曾声称：“我对你们物理学家们，唯一的希望就是，任何时候也不要制造铀弹。如果有一天，希特勒得到了这种武器，我一定自杀。”

合作伙伴

哈恩曾与莉泽·迈特纳合作达30年。在发现核裂变中，迈特纳的贡献不可忽视，但哈恩获诺贝尔奖后，对迈特纳的贡献只字不提。在迈特纳看来，哈恩担心承认与自己合作会危及自己的生命安全（迈特纳是犹太人），所以对此表示理解。但纳粹政府垮台后，哈恩依旧否认迈特纳的贡献，声称她只是自己的实验助手，这常常为后人所诟病。

▲ 1913年哈恩与迈特纳在实验室

▲ 哈恩一生中最大的贡献是1938年和F.斯特拉斯曼一起发现核裂变现象

拒绝总统

晚年的哈恩像其他很多著名科学家一样，积极参与反对战争和反对核武器的活动，成为当时呼吁和平利用原子能的代言人。1955年，美国总统艾森豪威尔热情地邀请哈恩到白宫做客，却遭到了哈恩的拒绝。后来，人们建议他参加联邦德国总统的竞选，同样遭到了他的拒绝。哈恩在盛名之下过着低调的生活。

▲ 晚年的哈恩过着惬意的生活

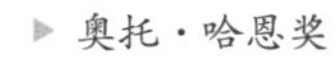

▶ 奥托·哈恩奖

奥托·哈恩奖

奥托·哈恩奖是以奥托·哈恩的名字命名的一个著名科学奖项，每两年在德国法兰克福市颁发一次，授予在化学、物理学或应用工程学领域做出杰出贡献的科学家。获奖者将被授予一枚金质奖章和5万欧元的奖金，奖金的一半来自法兰克福市，四分之一来自德国化学学会，四分之一来自德国物理学会。奥托·哈恩于1968年去世。

莉泽·迈特纳

在人类的科学发展史上，著名的女科学家并不多，居里夫人或许无人不晓，但除此之外，你还知道哪些女科学家呢？下面我们要介绍的便是一位可与居里夫人相提并论的女科学家——莉泽·迈特纳。她在原子物理和放射领域，尤其是在核裂变的发现上，做出了很多不为人知的贡献，值得我们铭记于心和公正地对待。

青年时期

1878 年 11 月 7 日，迈特纳出生在奥地利首都维也纳，她的父亲是一名犹太律师。还在少年时期，她就把居里夫人和南丁格尔当作自己的榜样，立志长大后成为一名杰出的女性。1901 年，迈特纳考入维也纳大学，跟随玻耳兹曼学习。1906 年，她获得维也纳大学的理学博士学位，曾试图到居里夫人的实验室谋得一个职位，但没有成功。

▲ 迈特纳 1916 年照片

▲ 迈特纳与哈恩在实验室

饱受歧视

1907 年，迈特纳怀着强烈的求知欲来到了柏林，希望在普朗克手下工作。当时德国社会对女性存在歧视，普朗克出于对迈特纳才华的欣赏，同意她在自己的实验室工作，但是没有薪水。在此期间，迈特纳结识了奥托·哈恩，他们同在一个实验室工作。但由于迈特纳是女性，她只能从后门进入研究所，而且不准进入主楼和学生实验室。

雪地里的顿悟

1938年，德国占领奥地利，迈特纳被迫逃亡瑞典。这时正在德国研究铀的哈恩将自己在实验中发现的新奇现象写信告诉迈特纳，请求她给予解释。迈特纳收到信后，一次在雪地里散步时，突然心中闪过这样一个画面：原子将自己撕裂开来。这个画面是如此生动而强烈，以致迈特纳确信自己找到了答案，那就是核裂变。

见微知著 镤231

镤231是镤的同位素之一，原子序数为91，原子量为231，是一种天然放射性元素，半衰期比镤的其他同位素都要长。镤231可以用钡还原四氟化镤制得，也可以用酮和醇从铀精炼厂的残余物中分离和萃取。

▲ 迈特纳（于1946年拍摄）

与哈恩的恩怨

迈特纳与哈恩合作长达30年，一起取得了很多成就，包括在发现镤（拼音pú）的同位素镤231，尽管迈特纳完成了大部分工作，但她还是把哈恩署名为第一作者。后来，哈恩因核裂变获得诺贝尔奖，但他丝毫没有提及迈特纳对此的贡献，而是一再声称迈特纳只是他的实验助手。这使得两人最终断绝了友谊和联系。

▲ 1966年，迈特纳与哈恩和斯特拉斯曼共享恩里科·费米奖。图为原子能委员会主席格伦授予迈特纳费米奖章

一生的荣誉

二战结束后，迈特纳访问美国时，被誉为“原子弹之母”，并被评为“1946年年度女性人物”。虽然由于种种原因，她没有因对核裂变的贡献获得诺贝尔奖，但是她对核物理学的贡献还是得到了人们的认可。1947年，迈特纳当选为奥地利科学院第一位女院士，后来还获普朗克奖章和费米奖。爱因斯坦曾高度赞扬她为“德国的居里夫人”。迈特纳于1968年10月27日去世。

利奥·西拉德

利奥·西拉德是美籍匈牙利裔物理学家，他是曼哈顿计划的直接推动者，也参与过曼哈顿计划的研究，并做出过重要的贡献。他与费米等科学家一起，对链式反应进行了深入的研究和探讨，为后来原子弹的研制成功奠定了基础。晚年的西拉德反对核武器，致力于推动原子能的和平利用，曾获爱因斯坦奖和原子能和平利用奖。

▲西拉德童年照

童年岁月

1898年2月11日，西拉德出生在匈牙利布达佩斯。他的父亲是一名建筑师。小的时候，西拉德由于体弱多病，并没有上小学，而是在家里接受母亲的教育。后来西拉德回忆说，他的母亲对他价值观的形成起到了重要的影响。10岁时，西拉德进入公立学校。他是一个聪明的学生，虽然学习并不怎么用功，但总能轻易取得好成绩。

青年时期

还在学校读书的时候，西拉德就对科学表现出浓厚的兴趣，尤其是喜欢数学和物理。然而中学毕业后，他并未进入大学学习数学或物理，而是进入一所技术学院学习电机工程，这是因为物理学家在匈牙利不好找工作。1917年，西拉德入部队服役，但直到一战结束，他没参加过一场战斗。1919年，西拉德回到技术学院，不久去了德国。

▲18岁的西拉德

▲西拉德

寻根问底

西拉德对于自己研制原子弹是什么感受？

西拉德很少谈起自己在研制原子弹中所起作用带来的内心感受。但是当爱德华·泰勒研制氢弹的计划获得美国政府的支持时，他说："现在，泰勒将会知道负罪感是什么滋味了。"

▲ 西拉德与爱因斯坦

热衷于政治

西拉德年轻时，对政治很感兴趣。1930 年，他曾经计划成立一个“同盟会”，来推进世界和平，但是随着后来纳粹党在德国上台，他的计划落空了。1933 年，他为躲避纳粹党的迫害，逃亡到了英国。在这段时期，他频繁地与爱因斯坦、玻尔等科学家接触，积极筹备建立学术援助委员会，热心帮助那些从德国逃出来的年轻科学家。

推动曼哈顿计划

西拉德在科学上最大的贡献就是对链式反应的探讨，并且首次提出了“临界质量”的概念。担心纳粹德国率先研制出原子弹，西拉德说服爱因斯坦向罗斯福总统写信，建议美国加紧研制原子弹，直接推动了后来的曼哈顿计划。西拉德本人也是参与曼哈顿计划的科学家之一，他在铀金属制造、冷却系统、钚生产线等方面都做出了重要贡献。

▲ 西拉德与诺曼。他们的背后是人类建立第一个原子堆的地方

▲ 西拉德（二排右一）和冶金实验室小组成员

为和平奔波

原子弹研制成功后，西拉德反对在对日战争中使用原子弹。1945 年 7 月，西拉德联合 69 位物理学家给杜鲁门总统写了一份请愿书，旨在反对使用原子弹，但终究没有起到效果。后来，他在电台和报纸上频繁发表演讲，阻止了一项有利于军方管理原子能的议案的通过。推进原子能的和平利用，是西拉德晚年的主要活动。

罗伯特·奥本海默

奥本海默是曼哈顿计划的领导者，被誉为“原子弹之父”。在与原子弹有关的科学家中，他或许是极少数没有获得诺贝尔奖的科学家，但是凭借卓越的组织和管理才能，他领导着一大群世界一流的科学家，研制出了世界上第一颗原子弹。二战过后，奥本海默成为当时声名显赫的人物，然而却深陷内在的折磨和外在的政治风波之中。

求学生涯

1904 年 4 月 22 日，奥本海默出生在纽约。他家境富裕，从小广泛涉猎文学、哲学、艺术等领域。从哈佛大学毕业后，他到剑桥大学深造，本想跟卢瑟福学习实验物理，但卢瑟福没有接收他。他在卡文迪许实验室待了一段时间，便去了德国哥廷根大学，成为马克斯·玻恩的研究生。1927 年，他以一篇量子力学方面的论文，获得哥廷根大学的博士学位。

▲ 1926 年，奥本海默(二排左三)在荷兰莱登实验室期间的照片

▶ 奥本海默

烟斗不离嘴

参与曼哈顿加计划之前，奥本海默曾经在加州大学伯克利分校任教。他很爱抽烟，即使上课时也烟斗不离嘴，加上经常咳嗽，所以成为学生们模仿的对象。奥本海默的研究领域非常广，包括宇宙射线、原子核、量子电动力学、基本粒子等。他精通八种语言，特别爱读古印度的《薄伽梵歌》，为此还专门自修了梵文。

▲ 手持烟斗的奥本海默

出色的领导

1942 年，奥本海默被任命为曼哈顿计划的领导。曼哈顿计划的中心实验室——洛斯阿拉莫斯实验室，素有“诺贝尔奖获得者集中营”之称。奥本海默被称为这个集中营的“营长”。

他领导着一大批世界一流的科学家，如费米、玻尔、费曼等，为研制世界上第一颗原子弹而努力。研制过程中的很多问题都是由于奥本海默的决断才取得突破的。

▲ 奥本海默在第一颗原子弹起爆点视察

聚焦历史

原子弹在广岛和长崎爆炸后，奥本海默深感自责，以致在联合国大会上说：“总统先生，我的双手沾满了鲜血。”杜鲁门气得大叫道：“再也不要带这个家伙来见我，无论怎样，他不过是制造了原子弹，下令投弹的是我。”

深深的自责

目睹了美国的第一次核爆炸试验，以及后来原子弹给日本造成的灾难，奥本海默感到难以摆脱的罪恶感。面对记者的采访，他曾坦言道：“无论是指责、讽刺还是赞扬，都不能使物理学家摆脱本能的内疚，因为他们知道，他们的这种知识不应该拿出来使用。”后来，奥本海默满腔热情地致力于原子能的和平利用，并反对美国率先研制氢弹。

▲ 奥本海默和爱因斯坦

政治风波

20 世纪 30 年代美国大萧条期间，奥本海默曾经研究过共产主义理论，他的妻子、弟弟和共产党有一定的关系。20 世纪 50 年代，美国政府因他的共产主义背景，以及反对研制氢弹的宣传主张，对他提出了指控，甚至怀疑他是苏联的间谍。尽管很多著名的科学家为他平反，但是直到 60 年代，他才得到公正的对待。

▲ 1963 年，美国总统约翰逊代表美国政府授予他费米奖，以示对他本人的重新赞誉和肯定

恩里科·费米

恩里科·费米是美籍意大利裔物理学家，在理论物理学和实验物理学上都取得过很高的成就，堪称现代物理学史上少有的通才。二战期间，他是曼哈顿计划的核心研究人员之一，负责建造了世界上第一台核反应堆。他还发展了量子力学，是量子场论的创立者之一，现代物理学中的很多科学术语都是以他的名字来命名的。

求学生涯

1901年9月29日，费米出生在意大利首都罗马。1922年，费米获得比萨大学物理学博士学位。第二年前往德国，拜访了量子力学大师马克斯·玻恩。1924年，费米回到意大利，在佛罗伦萨大学任教。1926年，费米发现了一种新的统计定律——费米-狄拉克统计。1927年，他当选为罗马大学理论物理学教授，并在这个职位上一直待到1938年。

▲在比萨求学时期的费米

见微知著　**高能物理**

高能物理是现代物理学的一个分支，又称为基本粒子物理学。它是研究微观世界中比原子核更深层次的物质的结构性质，以及在很高的能量下这些物质相互转化的现象，包括产生这些现象的原因和规律。

▲费米夫妇在洛斯阿拉莫斯国家实验室

逃亡美国

1938年，费米因为有关中子的研究获得诺贝尔物理学奖。这时候，意大利在墨索里尼的独裁统治下出现反对犹太人的风潮。费米的夫人是犹太人，他自己也强烈反对法西斯主义，于是，他携夫人到瑞典接受诺贝尔奖后没有回到意大利，而是直接去了美国。二战结束后，费米一直担任芝加哥大学的物理学教授，主要研究高能物理。

钻研原子核

在罗马大学早期，费米主要研究电动力学和光谱学，后来转向了原子核。1934 年，费米在原先的辐射理论和泡利的中微子理论基础上，提出了β衰变的费米理论。1939 年奥托·哈恩发现核裂变后，费米马上意识到，利用核裂变产生的中子和链式反应可以制造杀伤力巨大的武器。没过多久，费米就进入了核武器的研究行列。

▲ 费米

▲ 费米在黑板上演算

非凡的估算能力

1945 年 7 月 16 日，美国第一颗原子弹在阿拉莫戈多沙漠试爆，费米当时也在观看爆炸试验的现场。爆炸发生的那一刻，费米向空中抛了一把碎纸屑，结果这些纸屑被气浪迅速卷走。费米赶紧追着纸屑跑了几步，并根据纸屑飞出的距离估算出了这颗原子弹的威力，他大声喊道："成功了！它的威力相当于 2 万吨 TNT 炸药。"

费米奖

费米奖是美国政府 1954 年设立的一个国际奖项，每年颁发一次，用来奖励那些在核能的开发、利用和控制方面取得高度成就的人士。获奖者将获得一枚金质奖章和 25 000 美元的奖金，如果获奖者超过一人，奖金将为 50 000 美元，并由所有获奖者平分。费米去世前成为该奖的首位获得者。费米奖不授予单项成果，而是以候选人的终生成就为评选标准。

◀ 1946 年 3 月 20 日，因战时对美国的突出贡献，费米被授予荣誉奖章。1954 年，费米本人在逝世之前获得美国政府首次颁发的费米奖

沃纳·海森堡

沃纳·海森堡是20世纪著名的物理学家，也是哥本哈根学派的代表人物之一。他很年轻时就创立了矩阵力学，提出了量子力学中人尽皆知的不确定性原理（又称测不准原理），并因对量子力学的贡献获得1932年诺贝尔物理学奖。但由于二战时期，他在德国的原子弹研制计划中扮演着扑朔迷离的角色，以致一直被世人所误解。

求学生涯

1901年12月5日，海森堡出生在德国维尔茨堡。他的父亲是名噪一时的语言学家和东罗马史学家，受到父亲的影响，海森堡年幼时便学到了一定的语言知识。1920年中学毕业后，海森堡考入慕尼黑大学，在索末菲、维恩等著名教授的指导下学习物理。后来，他又前往哥廷根大学，师从玻恩和希尔伯特。1924—1927年，海森堡来到玻尔创立的哥本哈根理论物理研究所，与玻尔一起工作，从此成为哥本哈根学派的中坚力量。

▶ 年轻时的海森堡

创立矩阵力学

▲ 量子力学的两位创始人：德国物理学家海森堡（左）与丹麦物理学家玻尔（右）

玻尔提出的原子模型表明，电子似乎有自己特定的轨道，就像地球绕太阳运动的轨道一样。但海森堡认为，我们无法知道电子在某一时间的空间位置，因此无法确定它有没有轨道。从实验中，我们观测到的只是原子辐射出来的光的频率、强度等物理量，因此电子的位置、速度等物理量不能用经典力学的方式来描述，只能用矩阵的方式来描述。海森堡的这一思想受到玻恩、约尔丹的重视和发展，最后形成了矩阵力学。

不确定性原理

不确定性原理是海森堡于 1927 年提出的。它指的是在微观世界里，粒子的位置和动量不可能同时被确定，一个物理量被测得越准确，另一个物理量就被测得越模糊。这是因为，测量这一行为不可避免地干扰到被测量粒子的状态，从而产生不确定性，这不是测量手段先进与否的问题。不确定性原理具有十分深远的意义，它表明物理学本质上无法超越统计学范围的预测，直接颠覆了传统的物质因果关系。

▲ 爱因斯坦曾认为"宇宙中不存在不确定性原理"，近年来虽然不确定性原理对我们的世界观有了很深远的影响，但还是很难为许多哲学家所接受，争议依然存在

希特勒的帮凶？

二战爆发后，很多德国科学家都逃到了美国，而海森堡却一直留在德国，并受命领导研制原子弹的计划，因此他被误认为是希特勒的帮凶。事实上，海森堡采取的是阳奉阴违的态度，他告诉德国军方领导，研制原子弹的计划由于技术原因，无法在短时间内取得实际结果，从而拖延了德国研制原子弹的计划。但有一些参与过曼哈顿计划的科学家认为，海森堡不是不想研制原子弹，而是根本没有能力研制出原子弹。

见微知著　矩阵

矩阵是一个按长方阵列排列起来的数的集合，是由 19 世纪英国数学家凯利首先提出的。矩阵常见于高等代数、统计分析等学科中，在电路学、力学、光学、量子物理中也有应用，三维动画的制作也需要用到矩阵。

▲ 海森堡（右一）与美国物理学家约翰・巴丁（左一）、伊西多・拉比（中间）于 1962 合影

▲ 海森堡（中间）与物理学家们在一起

伊戈尔·库尔恰托夫

伊戈尔·库尔恰托夫是苏联核物理史上的一位巨人，在他的领导和组织下，苏联研制出了第一颗原子弹，研制出了第一颗氢弹，建造了世界上第一座核电站。由于对苏联作出的巨大贡献，他被授予“社会主义劳动英雄”的称号。晚年的库尔恰托夫远离核武器，致力于原子能的和平利用，并号召人们为防止核战争而努力。

学生生涯

1903年1月12日，伊戈尔·库尔恰托夫出生在俄国车里雅宾斯克州锡姆市。他的父亲是一名土地测量员，为了让子女接受良好的教育，在伊戈尔6岁时，父亲将全家搬迁到了伏尔加河畔的辛比尔斯克。伊戈尔在列宁读过的学校上学，是个厌倦课堂的顽童，但考试中总能取得好成绩。一战爆发后，他曾当过伐木工、门卫等，挣钱来补贴家用。

▶ 库尔恰托夫

青年岁月

库尔恰托夫从中学毕业后，报考了列宁格勒（今圣彼得堡）工程学院的造船系。大学毕业后，他在巴库工学院进行了一年的半导体研究，后来接到老师约费的邀请，到列宁格勒物理技术研究所工作。在这里，他度过了一段相当愉快的时光，并认识了比自己年长六岁的玛丽娜。两人最终喜结连理，遗憾的是没有生下一儿半女。

▲ 苏联塞米巴拉金斯克核试验场前的库尔恰托夫雕像

投身原子能

20 世纪 30 年代初，核物理刚刚起步。库尔恰托夫在老师的建议下，投身到原子能的研究之中。1939 年，他发表了链式核反应的研究成果，一年后又公布了铀的自发裂变的报告，仅仅比奥托·哈恩发现铀核裂变晚了一年。1941 年苏联卫国战争打响后，库尔恰托夫被迫搁置核物理研究，转而研究黑海舰队的舰艇消磁问题。

▲ 工作中的库尔恰托夫（约拍摄于 1930 年中期）

寻根问底

苏联是如何从美国窃取到核武器的秘密资料的？

二战期间，拉夫连季·贝利亚领导的克格勃在美英两国布下大量的间谍，专门从事窃取情报的工作。苏联研制原子弹的很多资料，便是通过这种途径和手段获得的。

临危受命

得知美、德等国正在秘密研制原子弹后，苏联当局意识到这个问题的紧迫性。1943 年，斯大林下令从前线召回库尔恰托夫，任命他为第二核武器研究室主任。在研制原子弹的过程中，苏联得到了大量从美国窃取过来的秘密资料，所以研究进展得比较顺利。1949 年 8 月 29 日，苏联第一次核试验取得成功。后来，库尔恰托夫又领导了氢弹的研究。

▲ 窃取美国核资料的苏联间谍乔治·科瓦尔

远离核武器

目睹第一颗氢弹试验后，库尔恰托夫对同事说："我看到了恶魔的脸……怎样才能避免战争？"后来的日子里，他不再涉足核武器，而是投身核动力的研究，并帮助苏联建造了世界上第一座核电站。1960 年 2 月 7 日，库尔恰托夫离开了人世，终年 58 岁。生前的最后一次演讲中，他警告世人："使用原子弹和氢弹必将遭来灭顶之灾！"

▲ 库尔恰托夫纪念邮票

▲ 库尔恰托夫和苏联原子物理学家萨哈罗夫在一起

中国的科学家

中国原子弹和氢弹的研制成功，是靠一大批科学家集体完成的。他们在异常艰苦的条件下，从事着世界顶尖科技的研究，这不能不令人肃然起敬。这些科学家中有王淦昌、钱三强、彭桓武、邓稼先、于敏、朱光亚、周光召、郭永怀等，有些我们或许听说过，有些我们或许从未听过他们的名字。下面就来介绍其中主要的几位。

王淦昌

王淦昌出生于1907年5月28日，1930年赴德国柏林大学深造，跟随莉泽·迈特纳学习物理。回到中国后，王淦昌主要从事核物理方面的基础研究，提出了验证中微子的实验方案。1961年，王淦昌开始参与原子弹的研制，后来指导了中国第一次地下核试验。他还是惯性约束核聚变的提出者，使中国在这一领域处于国际领先地位。

▲ 王淦昌

见微知著　中微子

中微子是自然界的基本粒子之一，不带电，质量只有电子的百万分之一，以接近光速运动。1930年，奥地利物理学家泡利预言了中微子的存在。1956年，美国科学家莱因斯和柯万在实验中观测到中微子。

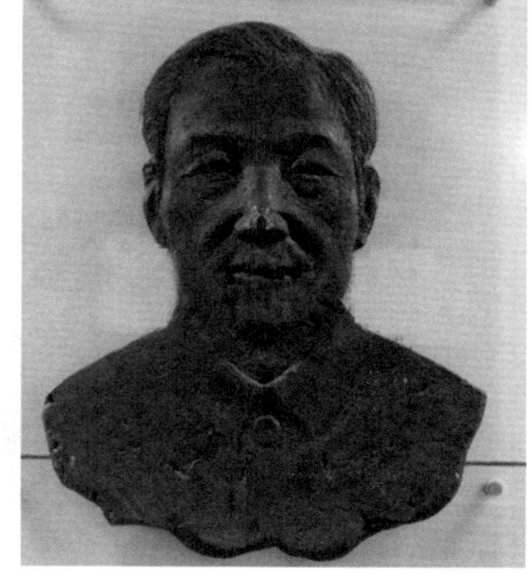

▲ 钱三强

钱三强

钱三强出生于1913年10月16日，1937年赴法国巴黎大学深造，师从在科学界享有盛名的约里奥·居里夫妇。1940年，钱三强获法国国家博士学位。1946年，他和夫人何泽慧发现铀核裂变的“三分裂”“四分裂”现象。回国后，钱三强积极投身到祖国的原子能事业中，参加了苏联援助的核反应堆的建设，并汇聚了一大批优秀的核物理学家。

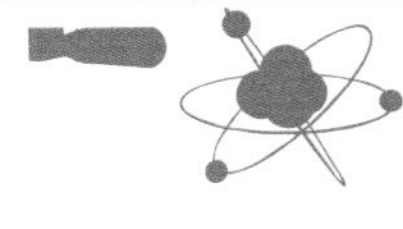

彭桓武

彭桓武出生于1915年10月6日，1938年赴英国爱丁堡大学深造，跟随马克斯·玻恩学习量子物理，先后获爱丁堡大学哲学博士学位和科学博士学位。1947年，彭桓武回到中国。1961年，他参与到原子弹的研制中，在理论方面做出了重要贡献。另外，他还参与了氢弹的原理设计和爆炸试验，领导了中国核潜艇动力方案的研究。

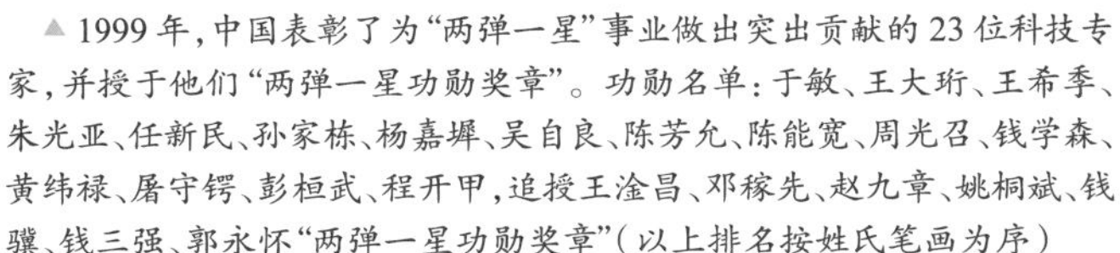

▲1999年，中国表彰了为“两弹一星”事业做出突出贡献的23位科技专家，并授予他们“两弹一星功勋奖章”。功勋名单：于敏、王大珩、王希季、朱光亚、任新民、孙家栋、杨嘉墀、吴自良、陈芳允、陈能宽、周光召、钱学森、黄纬禄、屠守锷、彭桓武、程开甲，追授王淦昌、邓稼先、赵九章、姚桐斌、钱骥、钱三强、郭永怀“两弹一星功勋奖章”（以上排名按姓氏笔画为序）

邓稼先

邓稼先出生于1924年6月25日，1950年获美国普渡大学物理学博士学位，回国后从事原子核理论研究。1958年，邓稼先经钱三强推荐，投入中国研制原子弹的计划中，从此过上隐姓埋名的生活。他领导完成了原子弹的理论方案设计，也指导了核试验的爆轰模拟试验。中国成功爆炸的第一颗原子弹便是他最后签字确定的设计方案。

▲邓稼先

于敏

于敏出生于1926年8月16日，1944年考入北京大学，专业是理论物理，本科毕业后考取北京大学的研究生。在中国研制核武器的科学家中，于敏几乎是唯一一个没有出国留学的人。1960年，于敏在钱三强的组织下，开始负责氢弹的研制。他带领一批科技人员，发现了热核材料自持燃烧的关键，解决了氢弹原理中一系列关键性的问题。

▲于敏

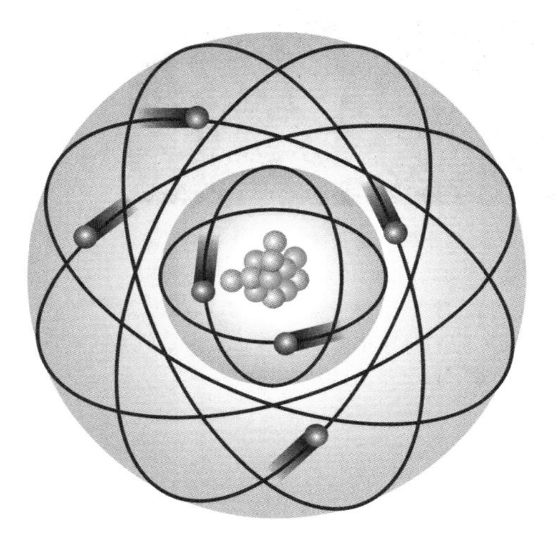